朝夕勿忘亲令语

闽西客家的祖训家规

刘大可 著

社会科学文献出版社
SOCIAL SCIENCES ACADEMIC PRESS (CHINA)

目 录

绪　言 ·· 001

第一章　祖训家规的形式 ···················· 006
　一　祖训 ·· 006
　二　家规 ·· 038

第二章　祖训家规的内容 ···················· 078
　一　主要内容 ····································· 078
　二　核心要义 ····································· 086
　三　反映的社会观念 ························ 095

第三章　祖训家规的宣传方式 ············ 112
　一　书之族谱　镌刻碑铭 ················ 112
　二　口耳相传　宴席朗诵 ················ 118
　三　临别赠言　临终嘱咐 ················ 120

第四章　祖训家规的社会功能 …… 123
一　村落族众的规矩　乡民生活的守则 …… 123
二　宗族治理的体系　家国互动的载体 …… 126
三　家族教育的训诫　修身养性的箴言 …… 139
四　姓氏认同的符号　群体凝聚的纽带 …… 140
五　人生经验的总结　生活智慧的结晶 …… 142

第五章　祖训家规的当代价值 …… 146
一　形成良好家风的价值 …… 146
二　引领社会风尚的价值 …… 147
三　遵守政治伦理的价值 …… 150
四　促进大众传播的价值 …… 154
五　增进文化认同的价值 …… 155

参考文献 …… 165

后　记 …… 170

绪 言

　　传统的中国是一个家国同构的宗法社会,"家是小国,国是大家",家庭、家族构成了中国传统社会发展的基础。因此,中国社会历来重视家庭教育,形成了传承数千年的家族文化。其中,祖训家规就是家族文化的重要组成部分。所谓祖训家规,是以祖先的名义,取材于祖上的遗言、俗训或儒家经典、乡约等文献中的有关内容,训以治家、训以育人、训以养德和规以遵纪守法、规以言行举止、规以人伦秩序的宗族规范,是传统家族、家庭教育的一项重要内容和祖先崇拜的一种形式,或口耳相传,或书之谱牒,或镌刻碑铭。祖训家规是我国传统家庭、家族教育的最重要文本形式,是治"小家"、为"大家"的经验总结,也是涵养家风、养护心灵的精神食粮。

　　习近平总书记十分重视家庭、家教和家风。在2015年春节团拜会上,他强调:"家庭是社会的基本细胞,是人生的第一所学校。不论时代发生多大变化,不论生活

朝夕勿忘亲令语：闽西客家的祖训家规

格局发生多大变化，我们都要重视家庭建设，注重家庭、注重家教、注重家风，紧密结合培育和弘扬社会主义核心价值观，发扬光大中华民族传统家庭美德，促进家庭和睦，促进亲人相亲相爱，促进下一代健康成长，促进老年人老有所养，使千千万万个家庭成为国家发展、民族进步、社会和谐的重要基点。"[①] 这一重要论述深刻地阐明了家庭文明建设对于培育和弘扬社会主义核心价值观，发扬中华民族传统家庭美德的特殊重要性。2016年12月12日，习近平总书记在会见第一届全国文明家庭代表时指出："家风是社会风气的重要组成部分"，"广大家庭都要弘扬优良家风，以千千万万家庭的好家风支撑起全社会的好风气"，"特别是各级领导干部要带头抓好家风"。[②] 总书记的重要讲话，既强调了家风的重要性，又指明了养成良好家风的路径。

良好家风的养成，离不开对中国传统家庭、家族文化的继承。虽然当代家庭在结构、规模等方面与传统社会有很大不同，但从价值和思想层面考察，传统家庭、家族文化中许多有价值的内容在今天仍然可以继承和发扬，成为社会生活的积极因素。祖训家规是中国传统文化的一种独特传承方式，体现了中国传统文化的风格和

[①] 习近平：《在2015年春节团拜会上的讲话》，《人民日报》2015年2月18日，第2版。

[②] 习近平：《在会见第一届全国文明家庭代表时的讲话》，《人民日报》2016年12月16日，第2版。

绪 言

气派。源远流长而又独具特色的家风家教是中国传统文化得以延续的重要载体和媒介。正反两方面的经验和教训证明，如果我们抛弃、遗忘家风家教，也就会毁掉中国传统文化赖以传承的根基，丢掉个人安身立命的财富。

祖训家规的教化内容极为广泛，一方面重视家庭、家族伦理建设，对家庭、家族成员提出责任和义务；另一方面则规定了生活秩序，包括修身、齐家、处世、劝学等各个方面。由于祖训家规多为祖先人生经验与生活智慧的总结，传之后人往往发自肺腑、语重心长。因此，从内容上看，祖训之中"训"味不浓，更多的是真心实意和用心良苦的劝导；而从表达方式上看，祖训不装腔作势和矫揉造作，而是春风化雨、殷殷期盼，引人思之行之。这对于我们当前做好宣传教育工作不无启发，因为只有和风细雨，才能滋润心田；只有深入浅出，才能入脑入心。

《礼记·大学》云："身修而后家齐，家齐而后国治，国治而后天下平。"祖训家规的创制者，通过总结自己的人生经验，引导了女和后代明理立志、修身齐家。后代子嗣念兹在兹、坚守笃行。如此氤氲绵延，在微观上有助家族兴旺，宏观上则有益社会国家。深入开展祖训家规的研究，不仅有助于弘扬中华优秀文化传统，推动传统文化古为今用，而且有助于发掘传统文化资源，为当下培育优秀家风提供学术支撑和理论参考，

朝夕勿忘亲令语：闽西客家的祖训家规

为社会主义精神文明建设，特别是对广大青少年的美德教育提供有益借鉴。以此观之，我们有理由重视对祖训家规的研究，让祖训家规再度绽放时代光彩，绘制符合新时代发展要求的家国和合、人类大同的美好图景。

由于闽西客家特殊的地理环境和历史背景，其族群文化广博深邃、有整体系列性等特点，包容了中国传统文化的基本内容，堪称中国传统文化的标本，因而闽西客家的祖训家规，既是中华传统家风文化的缩影，也是客家文化的重要组成部分，在传统客家村落社会运行中发挥了重要功能。前贤时哲对此论题有过一定的关注，但多偏重于祖训家规条文的搜集整理与解读，而对其反映的社会结构及社会功能缺乏深入的分析，尤其疏于从地域与族群的视角探讨其与社会运行的关系。鉴于此，本书试图在田野调查的基础上，结合相关文献，就闽西客家祖训家规的形式、主要内容、宣讲渠道、社会功能及当代价值，进行比较系统全面的探讨。

需要指出的是，祖训家规作为祖先崇拜的一种特殊形式，以开基始祖或"英雄祖先"遗言的形式出现，镌刻在祖先崇拜的重要载体祠堂与族谱中，在祖先崇拜的宗族活动春秋两祭宴饮上宣讲，因而在传统社会生活中发挥了极为重要的功能。但"祖先"毕竟是一家、一族、一姓之祖，其基本立场是为个人、家庭、宗族，因而又表现为"私"的一面。因此，当宗族、社会、国家良性

绪　言

互动，"公"与"私"协调一致时，祖训家规的正面作用是巨大的。反之，当宗族、社会、国家发展中出现断裂或随时代演进而产生不和谐时，其消极影响与局限性亦不容忽视，这是我们今天研究探讨祖训家规时需要特别加以注意的。

第一章　祖训家规的形式

从田野调查的情况看,闽西客家村落的祖训家规形式多样、名目繁多,归纳起来,大致分为两类十三种。

一　祖训

闽西客家村落的祖训并不仅限于以"祖训"为名的祖训,还包括开基诗、祖先遗训、遗嘱、勉读歌与勉读诗、家训、守训、家箴等多种形式。

(一) 开基诗

开基祖先以其筚路蓝缕,以启山林,通常带有神秘的色彩和神圣的权威,其传说往往成为姓氏认同的重要符号。在众多传说中,以开基诗流传最为广泛,其中带有不少祖训的内容。如在闽西客家刘姓村落,世传广传公"生十四子,八十三孙,分布半天下,处处有之";"一百三十六代二世祖,讳广传,名并,号清淑,妣马

第一章　祖训家规的形式

氏、杨氏……马祖妣生九子：长、次、四、五、八、九、十、十二、十三。杨祖妣生五子：三、六、七、十一、十四，分居各省，共十四子。一百三十七代三世祖十四大房：长巨源公、二巨浤公、三巨洲公、四巨渊公、五巨海公、六巨浪公、七巨波公、八巨涟公、九巨江公、十巨淮公、十一巨河公、十二巨汉公、十三巨浩公、十四巨深公"。① 对此，闽西武平县湘村《刘氏盛基公家谱》则载："广传公，原居广东，出任江西（流传），配杨太婆、马太婆，共生十四子，杨太婆生九子，即：源、浤、洲、渊、海、浪、波、涟、江，马太婆生五子，即：淮、河、汉、浩、深，广传公出外开基临别谕十四子赠言曰：骏马骑行各出疆，任从随处立纲常；年深异境皆吾境，日久他乡即故乡；早晚勿忘亲令语，晨昏须顾祖炉香；苍天佑我卯金氏，二七男儿共炽昌。杨太婆祝词：九子流九州。马太婆祝词：五子天下游。"② 即当地人所说的"杨生九子，马生五郎"。

　　类似的开基诗在闽西客家地区还有不少。闽西上杭县《黄氏源流家谱》载，黄氏第一百一十九世峭山公，妣上官氏、吴氏、郑氏，上官氏生和、梅、荀、盖、楚、龟、洋七子，吴氏生政、化、衢、卢、福、林、塘七子，郑氏生发、潭、城、延、允、井、层七子，峭山公曾对

---

① 罗香林：《客家史料汇编》，台湾南天书局有限公司，1992，第227~230页。
② 刘文波：《刘氏盛基公家谱》，1980年抄录。

朝夕勿忘亲命语：闽西客家的祖训家规

二十一位儿子临别赠言："骏马登程往异方，任从胜地立纲常。年深外境犹吾境，日久他乡即故乡。旦夕莫忘亲命语，晨昏须荐祖宗香。惟愿苍天垂保佑，三七男儿总炽昌。"[①]

（二）祖先遗训

闽西客家村落的祖训有相当部分就是直接以"祖训""祖先遗训"冠名的。兹举数例。

其一，武平县《岩前练氏家规遗训》：

1. 子孙务宜孝悌为先，和睦为本，氏族内患难疾苦，必须会议扶持，毋得袖手旁观；

2. 子孙必须恭敬尽祀，出入有仪，见长者坐必起，行则序，应对必称其名，毋以你我，女妇并同；

3. 子孙耕读为尚，即或工或商，亦须各守本业，不许为非卑贱，以污先声，戒之慎之，如违者，经众削其谱；

4. 子孙祭扫坟墓，务要随宜尽礼，以隆报本，毋弛孝心。祖先皆以文翰相承，子孙当以守法相念，毋许恃强吞弱，毋得好讼于刑，自贻伊戚；

5. 子孙婚配，须择良家，素娴姆训，方可聘娶，

[①]（不署撰著人）《黄氏源流家谱》，民国二十年（1931）修，现存武平县平川镇黄文良先生处。

勿图小利，有妨大义，凡养女出聘者，亦如择妇之心择婿。①

其二，上杭县《化孙公遗言》：

清流系出源流长，卜处移居闽上杭。百忍风声思祖道，千秋金鉴慕宗芳。承先孝友垂今古，裕后诗书继汉唐。二九苗裔能凛训，支分富盛姓名香。②

其三，平和县武城《曾氏祖训》：

尝闻家之有规，犹国之有政也。国无政，罔获克治；家无规，何以能齐。自始祖素庵公太创业以来，传世一十有二。予六旬有馀，未尝不严恭寅畏，兢守家规。第恐后生小子，忽而越之，于是历述备志，以垂后昆。予今年末，忆我父母训余曰：吾当迁百花洋，外祖讳应游公，钟情笃爱，虽值造次，规矩是程。至予六岁，命以就学，告予等。尔祖讳鸿儒，年十八即列宫墙。尔曹是则是效，无遗厥祖羞哉。时适甲寅。至戊午，兵火蹂躏，避居芦溪，勤俭依然，义方无怠。未几寇退，父率子等归宅祖

---

① 中国人民政治协商会议福建省武平县委员会文史与学习宣传委员会：《武平文史资料》第24辑，2015，第38页。
② （不署撰著人）《张氏续修房谱》，清同治元年（1862）焕公房编订。

居，置租税，建学屋。幸叨国典，选学乡宾，讳宜振县主高，申详各宪，宠锡冠带。又命予捐监赴京，期满而归，未能少伸厥考之志。转思由命不由人，乃士业而兼商业，体父志，守父规，归置租税数百，楼数间，书馆一所。楼边有田一亩，可以建楼宅，奠厥居。子孙辈其体予之均，守予之规，即体祖之志，守祖之规。是家道而吉祥集，可预卜我后之昌也。敬之哉，无违厥命。并列训词于后，报亲孝敬，教子义方，祖业扩守，品行端庄，事业精专，治家勤俭，处己谦恭，待人礼让。①

其四，长汀县《严婆训诫》：

第一：严婆严婆，没婆没着落，莫嫌严婆严，肇始严婆田，听句严婆言，根深叶茂万万年！

第二：做人要勤正，做官要廉明，做事要顺天！

第三：人传好人种，家传好家风。

第四：做人树好样，做事多交往。

第五：世事有规格，时时要记得，心野不当紧，三生失福泽。

第六：天地有四季，风浪显豪气，身前身后思，

---

① 中共福建省委文明办、福建省地方志编纂委员会、福建省妇女联合会编译《福建家训》，海峡文艺出版社，2014，第180~181页。

第一章　祖训家规的形式

做人做名誉。

第七：切莫小肚肠，眼前三寸光；行事顾大局，好种出好样。

第八：天地祖宗，虔敬虔恭，乡梓家国，入心入骨。

第九：做得起人，担得起事，顾得起家，对得起国。

第十：崇文尚武，挺直腰骨，友亲灭寇，固家安国。

第十一：文武沉着，崇善灭恶，匡正风气，受敬扬魄。

第十二：国有国荣，村有村风，增光增胜，人人称颂。

第十三：为老不尊，教坏子孙；后辈不正，伤风败运。

第十四：好心好肠，福寿安康，横行吊肚，地灭天诛。

第十五：立德立志，成人成事；待人处事，自珍自持。

第十六：世事有常，老成敦庄，平心静气，长远着想。

第十七：人各有能，莫妒莫损，尊人长处，感人福恩。

第十八：举止言行，思德思恩，前后回想，摁心自问。

第十九：怒时思愧，仇时思恩，成时思谦，贵时思根。

第二十：规矩要严，道理要通，百事百业，尽力尽功。

第二十一：莫要称顶样，山猴毛鬖鬖。

第二十二：莫羡人前光，背后多苦凉。

第二十三：人帮帮情义，自立立骨基。

第二十四：树寻倒吊根，人思过背恩。

第二十五：有恩莫轻心，有怨莫记心，有用莫骄心，有难莫灰心，风水会转心，做事凭良心；情缘要珍心，情理要贴心，想事要换心，做事要齐心，时时要记心，代代要留心，人心对称星，称星对天星。

第二十六：老树经霜风，子女莫骄纵，显得一时恩，害得一世怂。

第二十七：咬紧牙根心，万事终将成，食得苦中苦，方为人上人。

第二十八：莫笑人落怂，河水有西东，能助助一把，没助心要同。

第二十九：亲寿子孙圆，龙凤奏和弦，贤孝相扶劝，美满赛神仙。

第一章　祖训家规的形式

第三十：老公有体谅，老婆心头凉；老婆有精智，老公成大事。

第三十一：妻为家宝，夫为家骨，老为家树，少为家息。

第三十二：小有所嘻，老有所喜，合心合意，顺天顺理。

第三十三：爱细爱心，敬老敬神，兄弟姑嫂，代代香馨。

第三十四：亏待老婆，没好下场，亏待子女，老了苦死！

第三十五：夫妻家人，知恩知情，进退言行，自量自明。

第三十六：夫妻父母，同尊同福；子媳婿姑，同惜同顾。

第三十七：做人父母，忍吃忍苦；做人子女，知恩知礼。

第三十八：水要流淌，礼要来往，亲朋好友，相喜相望。

第三十九：脾性想法有分差，难免琐事碰火花，气头切莫火浇油，好言惜爱思解化。

第四十：没子没女全孤老，有子没女半孤老，有子有女正有好！

第四十一：好丈夫孝惜奋发，坏丈夫拉里拉达；好老婆严慈顾家，坏老婆不知好歹；好邻舍相见如花，坏邻舍面冷心歪。

第四十二：有用汀州，无用汀愁，成人成器，家国有酬。

第四十三：山凭高显，人凭业敬，无能无成，自无关紧。

第四十四：耕读传家，百业养人，各行其长，路路高进。

第四十五：顺机交往，门路自广，通联衡量，百事兴畅。

第四十六：做事要勤，想事要精，高人眼光，出人品新。

第四十七：物有内理，事有条理，寻得门路，自开天机。

第四十八：多炼铁石成钢，多学白丁成梁，多涉品趣自广，多思机理自彰。

第四十九：钱财浅薄有价，文才深远无价，以财量人望门腊，知才敬人种福花。

第五十：敬上敬下敬善人，受教受养受真明。

第五十一：勤谨发奋正成人，久炼成钢斗量金。

第五十二：春天一锹头，冬下一碗头。

第五十三：勤正有名声，懒散人看轻。

第五十四：俗人比钱财，高人敬文才。

第一章　祖训家规的形式

第五十五：劈柴不识路，不怕大力牯。

第五十六：好人要敬重，歪人莫拉拢。

第五十七：菁人受窝气，窝人无知死，到头来正明道理。

第五十八：好子过学堂，好女过家娘，族规国法出忠良。

第五十九：精木要雕，子女要教，生人养人，莫留指笑。

第六十：行要好阵，僚要好伴；是非分明，真诚坦荡。

第六十一：水镜照人，自鉴自明，经验教训，入腹入心。

第六十二：自大骄心，自量连心，自扰烦心，自在舒心。

第六十三：好事防独，坏事防初，晴时防雨，顺时防疏。

第六十四：人有人缘，行事对天，正道自尊，莫理目贱。

第六十五：经得诱惑，远离灾祸；经得迷惑，清醒宽阔。

第六十六：嫖赌㹡毒，倒家烂柱，好吃懒做，无能怂缩。

第六十七：便宜莫捡，浪淌莫收，人心难料，自持自守。

第六十八：尺有分寸，人有耻根，正邪是非，心明气定。

第六十九：清正树人格，贪欲屋脚塌。

第七十：交朋友期一分，相敬同福恩，做事期三分，免得乱方寸。

第七十一：无能羞死人，无理逆死人，无知害死人，无钱急死人。

第七十二：做人莫好冲，背后得人攻，当时逞大勇，事后会脸红。

第七十三：做人有正样，言行要谦良；有用无需装，无用装不象。

第七十四：各人有烦恐，沉着与智勇；遇事莫死守，交往解心愁。

第七十五：伤旧思秋阳，悲苦思春光，孤寂思爷娘，漂泊思家乡。

第七十六：顺逆悲欢，人生万端，随事应变，自解自安。

第七十七：越急越乱，越乱越急，烦事静处，顺时顺理。

第七十八：无名受怨，委屈难言，耐心自检，坦荡应变。

第七十九：好人交情，歪人交用，协衡进退，万事亨通。

第八十：为人处事，内外主次，崇贤自量，行起落实。

第八十一：务实务为，人见人爱；多心多嘴，自受自罪。

第八十二：大气开朗，人爱心爽；诡计糊涂，人人侧目。

第八十三：狗有狗职，猫有猫责，同兴家业，互行其德。

第八十四：体让三分，留作福恩；进退有度，无失身份。

第八十五：莫逞脾气，失智失理，一时放纵，后悔莫及。

第八十六：人上一百，七古八搭，外表难量，内心难轧，自珍自重，没怨没艾。

第八十七：各有各路，各有各福，黄猄不晓得麋鹿，鸡腹不晓得鸭腹。

第八十八：做人莫相轻，遇事好开声。

第八十九：只要言行端，万事尽心安。

第九十：知事要广博，处事要平泊，莫因私偏心，莫听人挑拨。

第九十一：脾性人万般，心量莫轻声，留得颜面在，好坏各承担。

第九十二：人有斗头气，其实看情义；打雷伴落雨，看人看总体。

第九十三：人世路头长，逢转莫相伤，雷过风续续，事过心头凉。

第九十四：横邪辱祖宗，良正路路通；人生来一世，留下满春风。

第九十五：人人都是人，你没更特情，凡事两想让，将心来比心。

第九十六：莫争好风水，万事在人意，就算争得到，后代重新起。

第九十七：宽和人拜山，浅躁自作轻，言行需自谨，逢事转个弯。

第九十八：在乡知根底，在外人杂汇，相处各珍重，横邪天诛罪。

第九十九：好树开好花，好人看屋下，长亲系好样，子女无分差。

第一百：事到终会过，马到山有路，孝悌忠信义，勉戒通达符。

第一百零一：不上高山，不识平地，当时无知，过后悔死。

第一百零二：助难怜苦，种德积福，修桥施路，祥缘万顾。

第一百零三：少要拼搏，老要淡泊，人各有志，自得其乐。

第一百零四：生老病终，天地归同，无悔无愧，从逸从容。

第一百零五：命息如天，时时顾念，防老防小，自身保全。

第一百零六：匪盗贼寇，如魔如兽，雷电水火，时防时守。

第一百零七：五谷杂粮，宜养宜康，多动多朗，体健心爽。

第一百零八：花藤百草，山珍物宝，瓜菜果蔬，调气化舒。

第一百零九：万类有灵，同惜同珍，天地生身，命息胜金。

第一百一十：林木水源，养地养天，同惜相守，基业万年。[①]

（三）遗嘱

祖先遗嘱是逝者临终前对后人的嘱咐、告诫、安排，既是对其后事的一种约定，也寄托着对生者未来的期望，

[①] 福建省长汀县南山镇严婆田村：《汀州严婆教化经训》，福建省长汀县第二中学教师林文清提供。友人邹文清君提醒，清光绪五年《长汀县志》载："宣河里统图六，计村六十六"。"六十六村"中有"饶婆田"与"大田"并列，此"饶婆田"即今"严婆田"。故此《严婆训诫》存疑待考。

朝夕勿忘亲令语：闽西客家的祖训家规

往往包含其一生的经验与智慧。出于对祖先的崇敬与怀念，通常具有较强的执行力与法律效力，因而有些遗嘱也属于祖训的一种。如永定县吴氏《澹庵公太遗嘱》为明代正德三年（1508）吴常镇所留（见图1），该《遗嘱》记述了吴常镇的发家史及其处世信条和巨额家产的分配，其中亦包含了他对后代子孙的训诫：

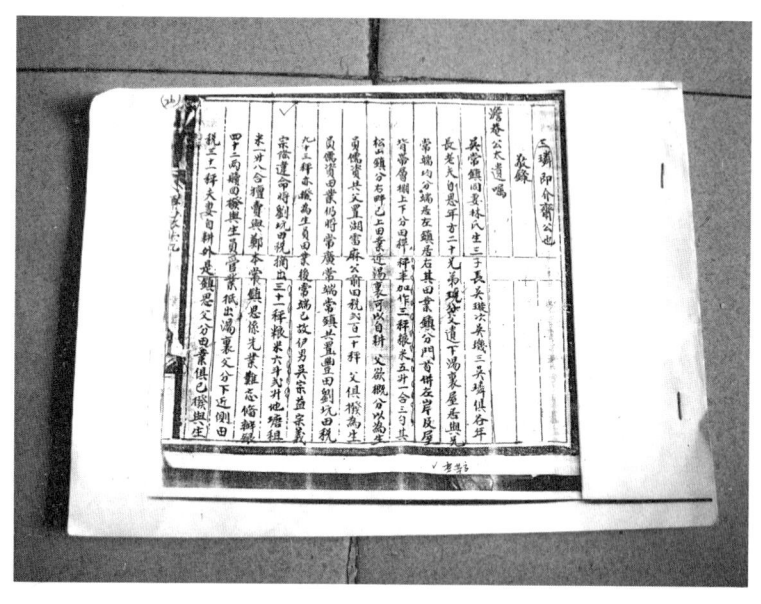

图1　澹庵公太遗嘱

吴常镇同妻林氏生三子，长吴璇、次吴玑、三吴璘，俱各年长。老夫自思年方二十，兄弟现分，父遗下汤里屋居与兄常端均分，端居左，镇居右。其田业镇分门首并左岸及背带层棚上下分田秤，秤半加作三秤，粮米五升一合三勺；其松山镇分右畔，已上田业近汤里，可以自耕。父欲概分以为生员儒

第一章 祖训家规的形式

资,共父置湖雷麻公前田税贰百一十秤,父俱拨为生员儒资田业。仍将常广、常端、常镇共置丰田刘坑田税九十三秤,亦拨为生员田业。后常端已故,伊男吴宗益、宗义、宗隆违命将刘坑田税摘出三十一秤、粮米六斗贰升、地塘租米一升八合擅卖与郑本。常镇思系先业难忘,备办银四十二两赎回,拨与生员管业,抵出汤里父分下近侧田税三十一秤夫妻自耕外,是镇思父分田业俱已拨与生员,止承分没官田税七秤半,止遗留畲尾另并无田业与镇耕活,俱系镇夫妻夙夜勤劳、同心协力置创家业,收买里晏湖圳下田税三十六秤架造成屋基以为三房居住。又买晏湖圳下街官田税三十秤赁人架屋收租,又买东站潭并城内外田塘地基共税六十秤架店三间,又买城内塘背店地四间,又买张文光鼓楼前店地六间,又买南门田内架店一十五间,又买大街巷口坊牌下店地二间,又买城隍前地基架店三间,此前数内大街铺店一十间递年收租银十七两二钱,准税一百七十二秤,及买各乡田税通共扣实四千三百四十六秤,共载官民田地粮租米五十二石二斗三升六合六勺。今镇夫妻寿跻八十有四,桑榆晚景,三男虽皆和顺,而分居田业世俗必然。老夫请集诸亲为证,将平日所买家业已于正德四年瓜分三房,今因凑割上杭县界田粮回县以托,老夫田产粮米复造分枝。先念祖宗生育之恩，报本之礼不可有失也。抽出田税店业共税三百一十二秤概为生员粮米，内分三房平纳。田店下落处所俱开于后，四时庙祭坟祭俱出于此。又念家业颇成，诗书礼义不可无人，除父已拨生员田业不在此数，镇自续抽田税六百零二秤，坐落处所并载粮米俱开于后，其税俱概以为生员儒资束脩应试俱出于此。其余产业粮米租米俱作三房均分，各有分数存照。老夫立身，独在敬祖，蒸尝田业不许子孙无耻扫荡，动以贫穷分割擅自鸠合出卖。其田税屡年收租轮祭外，余银积买上等风水修整坟，不许擅分余银，坐取不孝之罪。老夫其次立身，以养贤为重，除生员田业，后有子孙能谙文理考送入学读书者俱与收管。至出仕之日，前田流传后继生员收管，以延门祚之盛。不许白丁侵夺以致妨儒业，敢有不肖侵夺，坐以故违祖命死罪。亦不许各房称以房分为名擅自割分，亦不许各房将无志子孙滥摄送入学，贪图田地肥己私囊。务必子孙在外考过，文理颇通可送教养者入学收管前田。亦不许生员擅自典卖变乱成规，及尚蒙祖宗阴德，幸天地庇佑，子孙在学众多者，前田照分收管。又不许子孙嗣后应例纳粟虚费名色。此皆老夫遗命，不许故遗各房子孙。或有出身仕官得沾朝廷厚惠，计其禄之崇卑，各要捐俸资银一百两，添置儒田业，益增蒸尝，及

第一章　祖训家规的形式

养成贤二项。庶乎门祚虽未过人，亦可以及人也。呜呼！创业不易，守业亦难。我为祖父者，念及后生广储身家，倘有子孙无故被人欺凌，非自惹之祸，各房将祭蒸银两即贴。若自惹其非，不在此数。亲戚则以礼相待，子孙贫弱寡乏则量力周济，生放利息不过三分。子孙只以耕读为尚，不必求取县吏、府吏、按察布政二司等吏役，以致损坏阴骘遗恨九泉矣。老夫在生，存眼力曾见做吏之人终无结果也，倘有不遵者坐以死罪。老夫创业之难，亦思分业之公，体父母之心。田业房屋则高低并搭，无所亏损，不可老夫没后，不肖起衅妄生优劣，以致内生怨隙，飘荡家产。各人勤俭无有不富，忍耐无有不安，务各安于义命，子子孙孙听之戒之。且老夫口说上有天神，下有祖宗，顺天者昌，违命者亡。吾今老矣，长子吴璇死矣，次子吴玑智识不更事矣，后有事务一切大小家门听命吴璘教训，门户则协力当之，官府人情则以礼应之，违我祖命戕尔生理，敢有违命紊乱者乃系不孝子孙。吴璘死后，凡有一切大小家门内外官府上下之事，听从长孙吴文经主宰。子在付子，子老付孙，家道事务任于老成，治家之常理也。敢有变乱成规，许吴璘吴文经执此遗嘱付官。伏望父母本官明察秋毫，以理曲直，先坐以悖逆之罪，后理以曲直之分，此老夫之实心臆。官府之必信也，子孙当知守之。老夫死后茔地有所尤择东门外地一□房叶力以为祠，中奉先祖，左居老夫夫妻，右处子孙贤能，□□堂不肖无耻不在设此。男女婚姻不可过礼，衣食动用各□□，毋暴天物，以坠前业，开户闭户已有定规，各要协同□□□首则养之，钱粮及时□□□□□□□读书无志者耕作各职其业□□□□□□□赌博奸淫之徒非吾子孙凡□□□□□□□当听教治，不从者禁□□□□□□勿替引之，□□□□亲笔分定。①

又如，《广平游氏族谱》卷首亦载有"始祖考乐山公遗嘱"：

祖　训

始祖考乐山公遗嘱芳语

逢溪须住址，逢水便安迁。历代传芳语，裔流万代人。又谓：人生天地间，只有祖宗传。系各开始祖，名显四方荣。叶分九州地，根全一处生。人生无根蒂，飘如壁上尘。

祖　蒂

伏睹月流祖蒂

隋开皇元年，由宁化石壁村流徙于上杭梅溪寨

---

① 该《遗嘱》由福建省永定第一中学原校长吴兆宏先生提供。

安住。后流胜运里长滩，安插分流徙到金丰月流圳背安住。前明成化庚子年，开建永定县，归隶其管，立明宗图传与子孙证照，统祈子孙日盛。倘有流徙外境，只照原嘱安迁，永系民籍，并无军籍匠籍等。因今将宗图一派历代世系具列分派传于后代子孙，永远奕世传芳寻宗为照。①

（四）勉读歌与勉读诗

有不少祖训以勤奋读书、科举成名相劝谕，并以通俗易懂的歌谣形式出现。永定县王见川《勉读诗》就是一例：

> 冬风寒，冬风寒，雪花飞入玉栏杆。少年不学耽清娱，老大方知此路难。略世务绝尘烟雾，庭前独坐意漫漫。
>
> 曾见东邻一出跨青骢，笑我独步尘埃中。读书一旦登榜首，前遮后拥多耀荣。昔时子身今富贵，旌旗高矗导前陆。始信出门莫恨无人随，书中车马多如簇。
>
> 曾见西邻有女玉如春，笑我无妇只孤眠。读书一旦登科第，豪门争许成秦晋。昔时孤房今花烛，

---

① 邓文金、郑镛主编《台湾族谱汇编》，上海古籍出版社，2016，第67册，第58~59页。

孔雀屏开如中目。始信娶妻莫恨无良媒,书中有女颜如玉。

曾见南邻万顷业有余,笑我饥寒读甚书。读书一旦登云路,玉带紫袋与金鱼。昔时箪瓢今膏粱,更有全家享天禄。始信居家莫恨少良田,书中自有千钟粟。

曾见北邻栋宇华云端,笑我破屋雪风寒。读书一旦居相府,凉亭水阁更千秋。昔时茅舍今大厦,画栋雕梁壮规模。始信安居不用架高堂,书中自有黄金屋。①

理学名儒杨时的《勉学歌》更是在谆谆告诫族中后学:

此日不再得,颓波注扶桑。跄跄黄小群,毛发忽已苍。愿言媚学子,共惜此日光。术业贵及时,勉之在青阳。行己慎所之,戒哉畏迷方。舜跖善利间,所差亦毫芒。富贵如浮云,苟得非所臧。贫贱岂吾羞,逐物乃自戕。胼胝奏艰食,一瓢甘糟糠。所逢义适然,未殊行与藏。斯人已云殁,简编有遗芳。希彦亦颜(顽)徒,要在用心刚。譬如犹千里,

---

① 中共福建省委文明办、福建省地方志编纂委员会、福建省妇女联合会编译《福建家训》,海峡文艺出版社,2014,第119页。

驾言勿徊徨。驱马日云远，谁谓阻且长。末流学多歧，倚门诵韩庄。出入方寸间，雕镌事辞章。学成欲何用，奔趋名利场。挟策博塞游，异趣均亡羊。我懒心意衰，抚事多遗忘。念子方妙龄，壮图宜自强。至宝在高深，不惮勤梯航。茫茫定何求，所得安能常。万物备吾身，求得舍即忘。鸡犬犹知寻，自弃良可伤。欲为君子儒，忽谓予言狂。①

（五）家训

在众多的祖训中，以家训的名义出现最多。兹举五例。

其一，上杭县张氏《家训》：

尊敬祖宗，春秋祭祀必尽其诚，寒食祭扫悉临以身。毋私伐坟木，毋盗葬先茔，自取罪愆，以贻害于家长也。孝顺父母，侍膳问安必恭敬止，愉色婉容慎终如始，毋犯五不孝，务尽三以礼，庶无愧于子职矣。友爱兄弟，孔怀之情如手与足，劳则同分，财不私蓄，毋因小忿以伤大义，毋听妇言以间骨肉，自不贻笑于外人矣。慈恤孤幼，惠爱之恩如子与女，婚姻死丧我为之主，毋欺彼雏弱以夺其田

---

① 中共福建省委文明办、福建省地方志编纂委员会、福建省妇女联合会编译《福建家训》，海峡文艺出版社，2014，第55页。

园，毋哄彼痴愚以利其货贿，《书》曰：无弱孤有幼，此之谓也。宜我众人夫妇之道，惟尚和翕闺门有章，内外各职毋以妾为妻，毋以续为嫡，自然夫义而妇顺矣。睦我族人，敬老尊贤，有恩无怨，吉凶庆吊，礼义周遍，毋以卑抗尊，毋以少凌长，毋以强恶欺善良，毋以富贵而凌贫贱。《诗》曰：岂无他人，不如我同姓。盍重念之。教训子孙，治家者勤俭守己，居官者清白持身，读书者毋务虚名而敦实学，为农者勿事嬉游而及时播种，切不可怠惰以自甘也。蕃恭行祭祀，揖让进退悉遵礼仪，升降拜跪罔不中矩，毋敢逾越，毋敢怠慢，以贻先人之怨恫也。[①]

其二，武平县《平川城北李氏宏璧公家训十则》：

先大人曰：圣人教人，孝弟忠信礼义廉耻八字。金针论、孟子书，反复详尽，读者当躬行实践，自有理会也。今此四子十则系余平生行谊，所谨持而旨懈者，爰以此为题而又衍作歌词十首指点明晰，俾汝曹录为座右之铭，便于熟读记忆，毋徒视为具文，则立身行己，庶不流于匪僻矣！

畏字宜守　冰兢持法度，俨若帝天临。宣圣有

[①] （不署撰著人）《张氏续修房谱》，清同治元年（1862）焕公房编订。

第一章　祖训家规的形式

明训，常存三畏心。

婪事非良　逐鹿徒惶汗，多因好喜功。人生不满百，宁静宝尔躬。

勿道人短　彼作亏心事，多方掩护遮。从旁攻讦摘，致玷终身瑕。

莫炫己长　多才完己艺，岂可自矜能。倘或持骄吝，其余反见憎。

知过必改　人非圣与贤，过失孰能无。一旦翻然悟，蔓根悉拔刬。

得恩休忘　德须报以德，恩怨两相明。漂母王孙饭，淮阴祠宇营。

俭持家政　量入以为出，菜根滋味多。葛绤勤薄浣，美著周南歌。

勤要有常　进锐退常速，有初鲜克终。悯苗莫助长，耕读一般同。

恕以度物　人所不能为，休将苛刻施。设身处其地，明蔽自知之。

谦而端方　谦卦六爻吉，尊光得自由。夏畦曾见鄙，谄媚实堪羞。

癸亥蒲夏族众再举重修家谱，木肃有裁定编次之役。菊秋将竣，因念祖先伯仲多有列传，鳞叠繁页，而先大人未曾作传，第思摭拾唾余，恐非实录真迹，敬腾先君遗训十则歌章，原以捭木肃之恪守，

朝夕勿忘亲令语：闽西客家的祖训家规

所触目而警心者，今付剞劂次列传谱，得请于伯叔昆季诸君子，而或可以共珍焉。是严木肃之厚幸也夫。（乾隆癸亥重九日　不肖男木肃薰沐谨识）①

其三，武平县《十方黄陌李氏家训》十一条：

图2　李氏家训

---

① （不署撰著人）《武平城北李氏族谱卷首末综合丙本》，民国二十七年（1938）版。

第一章 祖训家规的形式

一孝父母：吾身之本，少而鞠育，长而教训，其恩如天地。不敬父母，是得罪天地，得罪天地，无所祷也。凡我族人，切不可失养失敬，以乖天伦。

二和兄弟：兄弟吾身之依，生则同胞，居则同巢，如手如足。不和兄弟，是伤残手足，伤残手足，难为人矣。凡我族人，切不可争产争财，以伤骨肉。

三睦宗族：宗族吾身之亲，千支同本，万脉同源，始出一祖。不睦宗族是不敬宗祖，不敬宗祖则近于禽兽。凡我族人切不可相残相欺，以伤元气。

四重祭祀：祭祀礼重报本昭穆常情，所以动先祖之格也，苟不凛如在之，诚是渎先祖也。凡我族人，切不可怠，勿以渎先灵。

五修坟茔：坟茔先祖之所栖，尽其祭扫，修其坟茔，所以妥化者也。苟任其如颓坏不修，必致他人之侵占。凡我族人，切不可吝费以露祖骸。

六务农业：农桑衣食之必资，上可以供父母，下可以养妻子，所在奉生之本也。苟不勤力耕种，必致荒芜田园。凡我族人，切不可偷安懒惰，以致终身饥寒。

七重敬贤：敬贤乃吾族人之重望也，贤者为人之师，其所学所传，礼有所学，不重敬贤，是人之愚昧不得为人也。凡我族人务必尊长敬贤，以示文明。

八慎婚配：婚配为人伦之始，结婚合配，当审其人品性格，究其清浊明白，苟婚配不择淑女，非特为终身之害，而且倾家声之不小。

九禁洋烟：洋烟之流毒于中国也，深矣，大则亡身倾家，小则废时失事。苟不严禁洋烟，不但前人被其所害，而后人亦遭其毒耳。凡我族内，切不可开设烟馆，以害子弟。

十禁非为：家风之坠，邪淫者十恶之首，赌博者倾家之源。凡我族人，务宜告诫子弟，切不可放僻邪侈、平生甘受沾辱。

十一正人伦：人伦九族之源，人生所当，存于方寸之中，而尊卑长幼，各得其序，纲常伦纪，各得其次。凡我族人，要必伦正名顺，方世不易也。①

其四，武平县《修氏家训》：

心地良善：为人最宜良善，种德子孙收福，凡事扪心自问，何须念佛吃素？恶念莫起，善举勇为，忠厚传家人称慕。

品行端正：从来人有三品，持身端正为良，贪赃枉法何长，但见天良尽丧。心无邪念，行不乖张，

---

① 李廷选编《十方黄陌李氏家训》，1918年次乙未署月，抄自大余新城李氏重修族谱家训一号、二号。

第一章　祖训家规的形式

光明磊落子孙昌。

孝养父母：鸦有反哺之义，人子岂无报本？亲慈子温乐天伦，惟尔一家孝顺，三餐美食，不抵温言，随宜身份最自然。

友爱兄弟：兄弟分形连气，亲密不异手足，限孺之语小人言，偏听偏信堪怜，敝屦易补，足断难全，莫为些小酿成冤。

和睦邻里：远水不救近火，远亲不似近邻，三家五户要相亲，缓急大家帮衬，是非宜解，冤家莫结，莫恃豪富莫欺贫，有事常相问讯。

教育子孙：教子最忌溺宠，无规不成方圆，雕琢方成美器，姑息未为慈祥，朴归陇亩秀归庠，不许闲游放荡。

怜惜孤寡：天下穷民有四，孤寡最宜周全，儿雏母苦最堪怜，况复加之贫贱。寒则予以旧絮，饥则授之余饭。积些阴德福无边，劝你行些方便。

婚姻随宜：儿女婚姻事大，攸关家业成败，心美吃着不尽、红颜往往命乖，贤淑内助最难得，人伦大礼要严肃，一切从俭毋从奢。

奋志芸窗：鸡鸣早起诵读，学习圣贤楷模。宝剑锋从磨砺，梅花香自苦寒。凿壁偷光，潜心奋志，不愁脚下青云路，报国耀祖荣宗。

勤劳本业：有田勤尔耕锄，艺精亦足养家。世

朝夕勿忘亲令语：闽西客家的祖训家规

事有本有末，还须务本为高。便宜莫贪，浪荡莫效，克勤克俭促富有。①

其五，温林五郎公《诰言家训》：

诰尔子孙，诫尔子孙。原尔所生，出我之本。宗谊为重，财物为轻；危急相救，善恶宜分，为父当慈爱，为子当孝；为上者宜爱幼，为幼者宜敬长，工农商学兵，各循其业，婚丧喜庆，必循乎礼；乐士敬贤，尊师教子，守分奉公，及人推己，家门有法，亲朋有义。立行必诚而无伪，御下必恩而有礼。务勤俭而兴家庭，务谦厚而处乡里。毋事贪淫，毋习嫖赌，毋争讼而伤和睦，毋干亏心事而丧阴德，毋以富而欺贫，毋以贵而骄贱，毋持强而凌弱，毋以下犯上，毋以大压小，毋因小忿而失大义，毋听信谗言而伤和气。毋谓无知，天目恢恢，迟早报应。宜勉之，戒之，是为训！②

（六）守训

还有的祖训，以宗族姓氏"守训"的形式出现。

---

① 中国人民政治协商会议福建省武平县委员会文史与学习宣传委员会：《武平文史资料》第24辑，2015，第43页。
② 中国人民政治协商会议福建省武平县委员会文史与学习宣传委员会：《武平文史资料》第24辑，2015，第48页。

第一章 祖训家规的形式

例如，武平县《王氏守训四则》：

立从品端志趋，凡子孙初知章句，便教之以爱亲敬长，忠君信友，庄敬持身，谦恭处己，上不愧天，下不怍人，志气向上，毋为下流。有能游泮水，登科第，以有光于吾门，宜加优奖；寒食长至祭祀，除有得食外，特加席，以敬其贤。如有游手好闲，不务生理，嫖赌偷窃，初则尊长族人到家劝勉，如再不悛者，尊长族人具呈送官，族人亦当从公，不得怀挟私仇，伤害有理，违者犯罪。

婚礼乃人伦之本，自当重之。但今大礼渐废，然族中伦序不可紊。昔胡安定先生曰：娶妇必须不若吾家者，则妇事舅姑必执妇道，嫁女必须胜吾家者，则女人之事必敬、必戒。司马温公曰：议婚，尤当察其婿与妇之性行与家法如何，勿苟慕其富贵。妇者，家之所由盛衰也。倘慕一时之富贵而娶之，彼挟其富贵，鲜有不轻其夫而傲其舅姑者。养成娇妨之性，异日为患宁有极也。

兄弟，在父母为分形之人，在祖宗为连气之人，乃人伦之至重，骨肉之至亲也。诗曰：凡今之人莫如兄弟。当其初，父母左提右挈，前襟后裾，食则其案，衣则同服，虽有悖乱之人，断无不相离也。及其壮也，各娶其妻，虽笃厚之人，不能不少衰也。

或有争财夺产,锱铢暴戾,其则偏爱私藏,分门剖户,患若寇仇。独不思,易得者田地,难得者兄弟。谚有云:兄弟如手足,缺一不可赎。当体父母之德,祖宗之源也。务宜亲厚,无致阋墙,兄爱弟敬,式好无尤,各尽其礼而已。

子孙当各务一业,士农工商,各因其才器而使之,如天资聪俊,必使游庠,采博圣经,以为祖先光宠。如庸下者之勤耕本业,或工或商,打点门户,毋使群聚游戏,旷废基业,以为乡党邻里讪诮。凡若此者,父母之教不严,族长答戒不加致之也,异日败家荡产,贻笑前人,不可忍哉。[1]

又如,《南阳邓氏训子课孙三事》:

立功业,夫人之生业,日用之需贵在焉,举家之衣禄系焉,不可不勤也。业精于勤荒于嬉,或业儒、业农、业工、业商,皆须夙兴夜寐,毋好闲游,怠懒,毋嗜酒贪花,毋嗜烟赌博,以致荒功废业,贻误终身也。

功术艺,学术艺为终身之本,有一艺成,己身衣食可无亏,则致富成家老在不难,惟恐始勤终惰,

---

[1] 中国人民政治协商会议福建省武平县委员会文史与学习宣传委员会:《武平文史资料》第24辑,2015,第5~6页。

立志不坚，虎头蛇尾，一事无成，尔当勉之。

务生意，为商作贾者，以专心立志为上，资本无论多寡，以笃实忠厚为先。有信行有口齿，童叟不欺；毋骄傲，毋怠慢，毋市井，均宜公道，勿亲小人，恐误身家；务要刚柔相济，勤俭为先，斯乃经营要诀也。[①]

（七）家箴

也有的家族祖训以规劝告戒的"家箴"形式出现，如连城培田村吴氏《家箴四首》：

勿游戏，游戏真无益。光阴不再来，白驹度空隙。耕者勤，禾并蒂；读若勤，掇巍第。男耕女织若勤勤，会见衣食有余备。

勿奢侈，奢侈无底止。每见创家人，皆从俭朴始。少年放荡丧家筵，老大反为人羞耻。不如樽节莫繁华，一世有终又有始。

勿贪淫，贪淫即会贫。钱财有分定，礼义必须明。诡计骗人人骗己，淫人还被别人淫。不如守己安常分，缟衣聊自娱生平。

勿争斗，争斗是非构。小则费赀财，大则身家

[①] 中国人民政治协商会议福建省武平县委员会文史与学习宣传委员会：《武平文史资料》第24辑，2015，第8页。

破。君子自怀刑，小人方痴妒。可让让他些，谁不称忠厚？①

此外，闽西客家村落的祖训还以童蒙读物和民谚、歌谣、俗语等形式出现。童蒙读物如林宝树的《元初一》，素有"宁失千两金，莫失杂字本"之说②；民谚、歌谣、俗语如《月光光》《勤俭脯娘》等。因另有专文论述③，兹不赘言。

二 家规

家规的形式亦有多种，主要有家规、族规（宗规）、家戒、谱规、禁约、家约等。

（一）家规

闽西客家村落家族多有家规。兹举五例。

其一，上杭县《张化孙家规》（见图3）：

---

① 吴国菜：《家箴四首》，载连城县培田《乾隆吴氏族谱》卷终。
② 《元初一》，又名《一年使用杂字文》，见拙著《传统的客家社会与文化》第5编《客家村落资料辑录·传统客家村落文献辑录》，福建教育出版社，2001。
③ 《〈元初一〉反映的闽西客家村落社会》，载拙著《传统的客家社会与文化》，福建教育出版社，2001；《儿童都唱"月光光"——闽台客家口传文化比较研究》，载拙著《闽台地域人群与民间信仰研究》，海风出版社，2008。

第一章 祖训家规的形式

图3 张化孙家规

笃忠敬言,急公守法,完粮息讼。营生业言,士农工商,各执其业。慎丧祭言,慎终追远,宜尽诚敬。慎婚姻言,娶妻嫁女,咸宜配择。严内外言,治内治外,不可易位。敦教悌言,事事亲敬,敦宗睦族。笃教学言,养不废教,作养人才。厚风俗言,吉凶庆恤,孤寡有体。敦和睦言,捍忠御灾,协力同心。严杂禁言,奸盗赌博,占欺谋吞。[①]

[①] 中共福建省委文明办、福建省地方志编纂委员会、福建省妇女联合会编译《福建家训》,海峡文艺出版社,2014,第272页。

朝夕勿忘亲令语：闽西客家的祖训家规

其二，上杭县《再兴张氏族谱》载家规十条：

> 笃忠敬，言急公守法完粮息讼等事；
> 敦孝悌，言事亲敬上敦宗睦族等事；
> 营生业，言士农工商各务本业等事；
> 笃教学，言长善救失尊闻行知等事；
> 慎丧祭，言慎终追远宜尽诚敬等事；
> 厚风俗，言型仁讲让休戚相关等事；
> 慎婚姻，言娶妻嫁女审择相当等事；
> 敦和睦，言捍患御灾同心协力等事；
> 严内外，言治内治外不可易位等事；
> 严杂禁，言奸盗赌博谋占欺吞等事。①

其三，武平县《曾氏家规》：

> 孝亲悦心，尊师扶幼；
> 世袭立嫡，承嗣立长；
> 嫡宗不婚，子嗣敏聪；
> 抚子继嗣，同宗择侄；
> 招赘为嗣，宗圣脉混；

---

① （不署撰著人）《再兴张氏族谱》，汀郡蒋步云轩锓，清光绪壬午（1882）重修。

第一章 祖训家规的形式

淫邪乱伦,圣规则罚。①

其四,武平县岩前《练氏家规》:

崇祀以敦孝思,耕读以务本业,尊师友以习礼仪,孝悌以肃家风,完粮以免催促,戒争讼以敦和气,睦族以念同宗,择配以选良家,戒赌博以遏游荡。②

其五,武平《蓝氏家规》十九条:

第一条,正家之道,莫先于正己。《书》曰:"尔身克正,罔敢不正"。《传》曰:"未有己不正而能正人者也。"故凡有祖、父、兄长之责者,须先自谨慎,务宜遵守礼法,以御群众。一切戏言、戏动、亵押、非仪,宜皆自凛。庶几,岿然家式之尊。言之人无不听,听之不无从顺者,家不期正而自正矣。

第二条,孝悌者,百行之源,通于神明,光被四表,正家者最先之急务也。若卧碑六言云:"圣谟洋洋"。宜家喻户晓,使童子传习。然能举而行之

---

① 中国人民政治协商会议福建省武平县委员会文史与学习宣传委员会:《武平文史资料》第24辑,2015,第49页。
② 中国人民政治协商会议福建省武平县委员会文史与学习宣传委员会:《武平文史资料》第24辑,2015,第38页。

者，几何人哉？本家子弟，嗣后不可视为虚文，务必措之实行。故凡有父母在堂者，须当克尽子道，生则致敬，死则致哀，葬则尽礼，祭则尽诚，循其分之所当为，黾勉从顺，斯可以为孝矣。其或身重过恶，陷亲而不义者，在王法固所不赦。而以言语忤逆其亲，不能承颜顺志以为养，族众亦须鸣鼓而攻之其罪，使之知有所儆。仍若不悛，族之长者必须将之锁解送官惩治，亦不肖者之教诲也。宜谨之。

第三条，礼仪者，所以维持人心，主张世道。华夷之分，凡希之别，正在此也。故《相鼠》之诗曰："人而无仪，不死何为？"又曰："人而无礼，胡不遄死。"其刺严矣。本家在前时，亦号称礼仪，相先人之族。今去古日远，风俗日漓，若童蒙愚劣之小辈，到长若随之性而失之教育，一旦更之间间乎？此真似循墙之刺手者，不亦难乎。嗣后为长者，必先尊严正大于上。盖不特祭祀、宴饮及迎宾客，衣冠必须整肃，虽群居终日，言无不及义，而动无不中礼。然后，目濡耳染，渐磨成就，而济济郁郁之风行矣。

第四条，名分者，纲常伦理之所攸系人心者也。孔子曰："为政必先正名"，良有自矣。盖凡一家，在父族则有祖父母，及父母伯叔兄弟子侄之类。在母族则有外祖父母，诸舅妗嫂娣妹之类。要皆一脉

第一章　祖训家规的形式

至亲，称讳呼号，各有定名。而拜跪坐立，亦各有定分。宣之于口，盖不可使有舛词，而措之行动亦不可致僭越。齿在尊者则以尊者称之，行居卑者则以卑称之。序昭穆为坐之，不以年之老少为先后，其敢有紊乱伦序、牵名倒字、僭行偶坐者，必须当众责罚。亦有己为行长不自尊大，甘心卑屈退让自作伪谦者，罚亦如之。

第五条，妇人者，服于人心者也。无专制之义，有"三从之道"。大凡家忤逆不和，多因此辈异姓相聚，搬长斗短，有以致之。《易》谓：家人睽，必起于妇人。故睽欢家人，牝鸡司晨，为家之索。古之人重以垂戒也。本家族敢有阴惑妇人言语，致伤大义者，族众共攻治之。

第六条，僮仆之于主人者，犹人君之能臣奉侍于君也。其位虽殊，其分则一。故凡主人之处僮仆，不特当教之以善，犹当约束以威也。出作入息，俱有常期，耕田管水，俾无怠荒。间或有物来偿其主，亦须跟问来历，不可辄便喜悦，诈冒不知，恐生大害。至于名分，更要截然不紊。但是主人同宗一脉，若或撞遇，必须走逊、起敬，不可玩亵坐视。如有此等，过问主人惩治，固以纵容不殆，罪坐本主。

第七条，教养者，人生之纲纪、王道之大端也。是故已庶而富，已富而教，则民生遂而民性复矣。

朝夕勿忘亲令语：闽西客家的祖训家规

今之所谓教养者，胥失其真，无怪乎乱之长也。本家子弟凡见其资质以教养者，即当乘时出就外傅，涵养以俟其化，从容以责其成。庶几在我不失其为教，而子弟亦或可至于中材之上也。如若质鲁，才不克而不可以教者，俾之就务农业，勤四体，种五谷，不论收获丰损，是亦治生之大道，终身可遂其温饱矣。苟或舍此两者，游手好闲，不务正业，是谓游惰之民，饥寒切身，无所不至，小则殃及己身，大则祸连至戚。如此辈人，宜急教治。

第八条，盗贼者，天下之恶名者也。虽曰家贫迫于不得已，但应知其灾。盗小失教，盗大必至也。本家屡出教条禁谕，若不悛改，有若陷于此地者，可不拘亲设，一有踪迹败露，登时会众打死，不必送官，免玷世传清白。

第九条，奸情者，世间灭伦伤化、丧德坏行，不顾玷辱之所为也。或至戚，或缌麻，或宗族，或异姓，亦皆纲常伦理所关，风俗所系。"四知"之念，岂可忽乎！盖古之戒曰：男子由外，女子由内，男女别途，一切戏游必须禁绝。本宗世传清白，凡为家长者务宜严训子孙，谨守礼法，不可至于此矣。恐玷辱门风，稍若败露，通众必须擒获送官，以儆将来。

第十条，冠者，成人之道也。古制幼者散发，

第一章　祖训家规的形式

少者总角，年十六为成年，宜束发加冠。为父母者，卜一吉日，择一齿尊有德伯叔为冠宾。至日，具香案于厅堂祖先神位前。冠者立于厅前阼，冠宾引冠者诣祖先神位前，行香、行四跪四叩礼。冠宾祝曰："几世裔孙某名，甫年弱冠，当行冠礼，敢告先灵，俾尔锡福无疆！"祝毕，授之以本等之冠。冠毕拜父母，谢冠宾。如有诸伯叔在堂，亦应一一行礼，或传茶设宴以谢冠宾。虽未尽古人"三加"之礼，亦有异乎时俗者也。

第十一条，婚姻者，上承百世祖宗之祀，下衍百代孙枝之续。故礼仪世俗谓之"佳期"也，岂可苟且为之。其始也，须择门户相当；其次也，犹宜"六礼"之有备。本家遇有男大当婚、女大当嫁之人，宜酌古准今，未可轻忽，更要从俭，不可入奢。嫁女择佳婿，毋索重聘。庶乎，仁厚之俗而成家风矣。

第十二条，丧礼者，孟子曰："丧死可以当大事。"凡人子，遇父母之丧，衣衾棺椁，从厚为宜，衰麻擗踊，至衰而止。其余延请佛道超度一切不当之务，犹宜戒之，不必拘于世俗。丧祭须丰俭称家，不宜丧后倾家。

第十三条，祭祀者，系报本追远之道也。豺獭之所能知，岂人而不如物乎！本家祀田虽薄，亦应循守古制。清明节醮祭祖祠、坟墓，各人尽礼，丰俭不拘。

第十四条，山林树木者，围护屋基，譬如人之有衣也。本家住近乡落，所有掌禁，竹木柴薪各宜约束，群小不可轻易斩伐，捉获之日当众公罚以杜将来，决无宽宥。

第十五条，田园者，国税攸存，民食所关者也。昔周东迁，每以稼穑艰辛为念，而食货居先，炳炳如也，屡行条教训之。况今在乡村之民，舍此则别无治生之法。故当方春播种之时，不可纵放畜牲在田践食，及当成熟之秋，犹宜晓谕家众，不可偷摸。至于鱼塘、鸡犬、牛猪及茶、桐、枣、栗、橙、蔗、蔬菜之类，各照分下管业，不可有违犯者。如违，鸣众赔罚。

第十六条，坟墓者，各有定主，各相保管。不可听惑风水之言，侵谋别人坟墓，自取败亡。其余护坟丘木，岂特有禁盗砍，须自己拈自辙其迹，致伤龙脉。有犯此禁，不容轻贷。

第十七条，赋役者，编民供上之职也。皇命明训烜赫，而近代法网之密，烈若炉焰，何能逃避耶。本家凡遇十年皇役常期，论粮编及一应解户、仓夫等役，或自承当，或推择贤能公直者向官家共簇拥扶持。此乃身家所系，不可轻信他人，恐其卖弄致贻后悔。慎之！慎之！若有奸顽子弟不服从听者，必须送官惩治。

第十八条，宾客者，吾族往来交际之正道也。本家虽贫富不均，更住乡落，亦应尽故旧之礼者乎！凡有远方、异姓之来者，非亲即友，宜随家丰俭款待，极尽主之情，施之礼仪。不然，是谓恭敬而无实。盖君子不可虚拘者矣！

第十九条，外侮者，多由己不忍所报也。孟子曰："夫人必自侮而后人侮之，家必自毁而后人毁之。"所以君子尽三友之道，俾自正而天下归之。本家素以忠厚相传，不敢轻易犯人。其或积逆之来加总不与校，必不得已再三不与论。三忍让而不止者，须同心竭力而御之。然亦适可，已甚而以致乱。此乃保身保家之道，贤子贤孙宜戒之！勉之！①

（二）族规（宗规）

更多的情况，家规是以"族规"的形式出现。兹举六例。

其一，武平县《钟氏族规》：

> 一家有一家规矩。凡为人子者，事亲当尽其孝，

---

① （不署撰著人）《蓝氏族谱》，原载明万历四十二年甲寅（1614），笔者在武平县大禾乡源头村田野调查时，录自当地村民的手抄本，个别地方疑有出入。

朝夕勿忘亲令语：闽西客家的祖训家规

事长当尽其悌，凡我一族之人，莫不皆我。如此则天伦之伤痛，尽尊卑之分明。况且吾今日为人子弟，他日为人父兄，若是上行下效，理势必然，此家规之所当守也。

家法当道。一家有一家法度。凡为人子者宜守本分，各务正业，戒嫖赌、戒争讼、戒斗殴、戒懒逸、戒奢侈，此五戒所当深戒。亦毋以恶欺善，以富欺贫，以上凌下，以贵蔑贱，如此则家和族亲，此家法之所当遵也。

耕读当勤。凡吾家子孙不耕则读，不读则耕，耕读两字人生之大要。盖勤耕可以足食养身，勤读可以明理荣身。若不耕则仓廪虚，衣食困，受穷不免；若不读则学问浅，礼仪疏，愚昧不免。故耕读两者尤为吾子孙所当勤也。

勤俭当勉。勤为立身之本，俭乃治家之方，盖勤则能免以贫，俭则能足其用。古语有云，男务于耕，女务于织，量其所入，度其所出。此勤俭两字之所当勉也。

族义当重。凡我子孙，现今族众人繁，难免贤愚不等，宜念祖宗开脉，以贤诲下愚，以才养不肖，切不可争斗而伤大义，小忿而举讼端，纵有大事情，有可容理有可怨，须含忍以待之。此族义之当重也。

嫁娶当慎。吾家祖宗原是中原望族、仕宦之家，

第一章　祖训家规的形式

凡嫁娶之事乃关人之终生，传宗接代，必择忠厚善良之家。嫁女择贤能之婿，毋索重聘；娶媳求淑女，毋计厚奁，不可嫌贫贪富，宜应双方情投意合。此嫁娶乃齐家之道，之所当慎。

教子当严。凡教子弟必以义是训，弗纳于邪教之道。必择严师训诲，友贤良方正之士，使其日习威仪，开其议论，有气企望效法可也，毋得任其放荡，纵其情性，斯为下愚也。此教子之所当严也。

贫而无谄。凡吾子孙，或承根基浅薄，或因天灾人祸而致贫穷，当宽心以待之。不怨天尤人，妄作非为，致丧廉耻，宜顺时应天，艰苦忍耐，绝处逢生。

富而不骄。凡吾子孙或受上天眷庇，祖宗默佑，虽富有万顷，贵至三公，亦当视有若无。倘遇族间贫贱之辈，切不可傲慢待之，宜念同出一脉，宜体恤贫穷，施舍待善，富贵而不骄也。

远近当亲。吾族根生河南，苗长闽汀，枝发武邑，皆系祖宗之本，凡有异地远方同宗之人来往，不可怠慢疏远而避之，务其相为敬爱，热情招待，睦族亲邻相处之。

扫墓祭祠。坟茔祠乃先祖栖魂骸之地，凡我子孙，但遇春秋两祭及除夕等节，必齐明盛服，以供礼事。尽其报本追远之礼，凡为人子者，独不见虎狼执丧羔羊跪乳。禽兽尚知报本,何况于人乎!

宝藏族谱。谱牒者以记祖宗之功德,百世之源流也。世人皆以舍玉为宝,而视谱牒为外物焉。岂知国之史书藏之金匮,以存祖宗之历史,子孙胤祚之无穷也,谱牒之宝亦如此,凡吾子孙者,当思木本水源,宜珍藏保存谱牒,使世代子孙待其所宗,此族谱所宜宝也。[①]

其二,武平县《王氏继宗公宗系族规八则》:

父母为我身体所自出,无论贫富贵贱,均宜孝养无违,族人如有不孝其亲者,初则由族长痛加训斥,以启其悔悟之心,倘再不知悔改,即由族众送请法庭惩治。

兄弟为我同父母之人,如手如足,情谊何等亲切,诗云:岂无他人,不如我同父。言兄弟之亲关乎天性也,族人如有兄弟不知友爱,而自贼者,轻则由族中严加训诫,重即缚送官厅呈请究治。

夫妇为人道之造端,男正位乎外,女正位乎内,同心协力,家道乃日兴隆。族人如有夫不夫而妇不妇,夫妻时相反目者,族众闻知应切实责令痛改,

---

[①] 中国人民政治协商会议福建省武平县委员会文史与学习宣传委员会:《武平文史资料》第24辑,2015,第40~42页。

第一章 祖训家规的形式

毋令乖气致戾，以致身不修而家不齐。

朋友为五伦之一，交接往来首重信义，古今之交友也，倾盖如故，白首如新，良以金兰契合，贵贯始终如一也。族人如有不信于友，专以权术欺诈用事，或以新知而弃旧交，或以富贵而大有厌贫贱，此等凉薄之人，族中宜鸣鼓攻之。

宗族宜互相存恤，出入相友，守望相助，疾病相扶持，喜忧相庆吊，方不失祖宗一本之谊，族人如有视同姓如路人，全不顾水源木本大义，甚或因细故微嫌而视同仇人者，此等人，宜族众共弃之。

职业宜慎为审择，士、农、工、商各有正当之职守，孟子所谓：择术不可不慎也。倘侥幸希冀，谬以赌博、窃盗、娼妓、隶卒等业较易于谋衣食，腼然为之而不辞，是外对于社会为无赖游民，即上对于祖宗不肖子孙，族人有一如此即为无耻之徒，应即声罪切责，革逐出族，以免玷辱先人。

族中鳏、寡、孤、独宜为设法保全，古先王发政施仁，首及穷民之无告，良以老而无夫妻子女之奉，幼而无提携保抱之人，其惨苦情形实在无处可诉，故国家特别优恤之。我族人虽不能如范文正之置之义田以活族，然遇有老迈无依之人暨寡妇孤儿，无力可以自给者，应各视能力之所及，补助而扶养之，以敦一本之谊，倘有不知保护而反加欺凌者，族众闻知应即共同攻击。

礼义廉耻为人生持躬涉世之要素，管子所谓：国之四维也。以广义言之，则四维不张，国乃灭亡。以狭义言之，则四维不张，家必破败。故族人宜夙夜兢兢，共相惕励，以为亢宗之子孙。倘有越礼非义、寡廉鲜耻者，此等败类之辈，先人在九泉之下，必深恶而痛绝之，自应革出族丁，以示惩创，俟其悔过迁善后，再准归族。[1]

其三，武平县《曾氏族规》：

族规引父史之教不先，子弟率不谨，故立法立言无非齐子姓敦睦之礼，循规蹈矩，万能礼祖宗源本之情。爰著章程，务宜凛守。

敬先祖。人之有身，父母生之。祖先者，父母之父母也。推而之上，又为祖之父母，父母之祖也。言念及此，虽本支百世，皆吾身所自出也，乌可不敬乎？然敬之将何如？人能陷身于义，则可以报父母者，则所以敬祖先也。庙宇经营，祖灵有栖止之处；春秋祀享，祖先无冻馁之嗟，远不忘而近不渎，真惆潜乎，死如生而亡如存，至忱丕露，念创业垂

---

[1] 中国人民政治协商会议福建省武平县委员会文史与学习宣传委员会：《武平文史资料》第24辑，2015，第6~7页。

第一章 祖训家规的形式

统之功，德不泯而报本追远之诚信常昭，尚其敬止毋忽我。

顺父母。从来为臣而能尽忠者，必为子而能尽孝也。移孝可以作忠也。盖顺父母是第一善事，不顺父母是一恶事。诗曰："孝子不匮，永锡尔类。"此善之征也，孔子曰："五刑之属三千，其罪莫大于不孝。"此恶之征也。故能顺父母者，往往受其善报，不顺父母者往往受其恶报，奈何人不以顺父母为急务哉！惟是人子之于父母虽极尽其孝，不过尽其份内之职耳，故孟子曰："不得乎亲，不可以为人；不顺乎亲，不可以为子。"吾愿凡我宗盟，虽不能效显亲扬名之大孝，亦当柔色和声，负劳奉养尽其仪，晨昏定省尽其职，拓而充之，养志诚得矣。

和兄弟。兄弟者，同胞共乳分形同气之人也。倘阋墙构怨于手足伤残，则不能悦于堂上，又且见笑于张间，家声□难振矣。务须兄恭弟友，两相和睦。兄有怨，弟当忍；弟有忿，兄当让，则争竞自息，嫌怒日消，家业自兴矣。但友恭之道，日为父母训诲之。方孩提之时，戒莫詈骂；同席之际，教坐以次序；及其稍长，训兄以尽亲爱之情，教弟以尽尊敬之礼。莫私积财货以起争端，莫偏听妻言，致疏骨肉，则子孙虽愚，亦能知警。

睦宗族。书曰："克明峻德，以亲九族。"九族

朝夕勿忘亲令语：闽西客家的祖训家规

既睦，平章百姓。古之帝王治世，亦必睦族为先务也。睦之道有三：修谱，以敦其谊；谒始迁之墓，以系其心；敦亲亲之礼，以报其恩。斯三者并行，虽土可以化其乡，况有位不难变于天下。凡我子姓，宜念高曾嫡派同此源流，时礼亲亲之道，喜相庆，戚相吊，患难相救，贫富相周，敬老、慈幼，分亲疏，范文正公曰："吾族甚众，于吾有亲疏也。自吾祖宗视之，则均是子孙，无亲疏也。则无论卑幼贫贱皆当敬爱如是。"宗族既睦，仁让成风，内变不作，外患不侵，人生此乐莫大乎？

重婚姻。司马温公曰："凡议婚姻，必先察其婿与妇之性行及家法何如，勿徒慕富贵，婿苟贤矣，今虽贫贱安知后日不富贵乎？苟为不肖，今虽富贵安知后日不贫贱乎？"至于妇者，家之所由盛衰也，倘慕一时富贵而娶之，彼挟其富贵鲜有不轻其夫而傲翁姑者，养成骄妒之性，异日为患庸有极乎？假使因妇财而致富，倚妇势而取贵，苟有丈夫之志者，能无愧哉？

隆作养。考旧谱，先代人文蔚兴，簪缨累世，视今则不如古也。嗣后凡我宗盟读书者宜延大方举业，即蒙童初学亦读明师训解字义，方易通晓。为父兄者，宜择身师；为子弟者，自当发奋。但欲鼓励后学，必须置学田，以助读书之费，使贫苦之士亦得奋

第一章　祖训家规的形式

志潜修。如是家读户诵，文风日盛，得志则荣及一乡，宠光一族，先朝人文之盛，何难复见于今乎？

勤本业。士农工商，四导皆有本业。从本业其获利方得长远。若异端邪术，纵务财而害及子孙。至于立志读书，乃扬名显亲之本，固是第一美事，但看子弟贤愚如何，若禀质顽劣，仅可教之通达而已，即教以别业，或农工商，买精一正艺，俱可以养身家。如必拘泥于科第，至老不成名，好逸恶劳，不能用力，再欲习艺，呜呼老矣。凡我同宗，后日子弟有聪睿颖悟者，方教以读书；姿性鲁钝者，使之积成一技，庶族内无游手之辈，而匪类无从而生，为父母者，其知之。

秉公正。族有族长，房有房长，有族正，所以摄一族一房之事，振一族房之纳，治伦常之变，释子北乖也。但举族长房长族正，俱要公正直，谨守礼法，断非阿谀附会见利忘义者言，不可怀挟私仇，徇情曲断，变不容富者以酒肉胜人，强者势人丁为恃。若有一事偏曲，一言党护，即属不公不法，合族聚议，另行公举，不得以派尊自擅，如族长房长既秉公正，不听公断，两造经营族长房长自行到案，证其谁是谁非，庶善良不至终枉。

严世派。世派以定世次而后昭穆不紊。即散处异地者，变知某伯叔、某其孙侄，使尊卑上下秩焉有序也。按我武城曾氏新旧派语共五十字：希言公彦承，宏闻贞尚衍。兴毓传纪广，昭宪庆繁祥。令德维垂佑，钦绍念显扬。建道敦安定，懋修肇麟常，裕文焕景瑞，永锡世绪昌。[①]

其四，《南阳邓氏族规十则》：

正人伦。人有五伦，古今天下之大道也。在家重莫于祖父、伯叔、兄弟、子侄、母婶、兄嫂、弟妇、女媳及六亲眷属，均是骨肉至亲，务宜孝悌，奉亲友爱，祖为先，不可悖逆，横行乱伦，无理取闹，以致同室操戈，干犯法纪。

正名节。五伦之中有尊卑长幼，家有伯叔、兄弟。为子侄者，均宜兄友弟恭，孝顺和睦，切不可逞凶斗殴，秽言凌辱，污伤大义。至于称呼，也要有序，不可混言无忌，伤了和气。

正心术。人之心术，赋性本善。凡人幼之时，为父兄者，须教以礼貌，训以义方，勿至心术变坏，贻误终身，即父母之道毕矣。正人君子，不怒自威；狂嫖烂赌，自取灭亡。

正品行。人生于世，品行为先，内则族戚，外

[①] 中国人民政治协商会议福建省武平县委员会文史与学习宣传委员会：《武平文史资料》第24辑，2015，第49~52页。

第一章　祖训家规的形式

则友朋，皆以品行定终身。所以人贵志诚，不可欺诈；贵守信义，不可奸险；贵在厚道，不可浪荡。如此则品行端正，事业有成矣。

谨言词。病从口入，祸从口出，躁人词多，正人词少，口无遮拦，每每惹祸。嘲语伤人，痛如刀割，以致口角成仇，官司结怨，大则倾家丧身，小则败坏名节。谨言慎行，切切此一戒。

慎交友。在家靠父母，出门靠朋友。近朱者赤，近墨者黑。得其人可以同患难，共生死；失其人而玷名节，坏天性。结交须胜己，似我不如无。

洽邻里。远亲不如近邻。邻里友好，出入可以相守望，疾病可以相帮扶。洽比也者，有无相通，患难相顾。斯邻里之赖有我，而我亦赖有邻里。

忍气忿。气乃无烟炮火。忍得一时之气，免得百日之忧。此言虽浅，必当国行。何况怒气伤神，即不犯法，亦暗损天年，和谐为贵。

节色欲。精、气、神为人生三大宝。精生气、气生神；精足者气充，气充者神旺。若纵欲无度，丧尽元气，发为痨，虽有仙丹，治亦无及。污名败节，更宜警戒。

制酒狂。酒以合欢，圣人不废。但多饮必醉，醉则发狂；或詈人而碎物，或殴长而辱尊，伤和气，丧人伦，故宜节饮。节则血脉调和，不致有疾病之生，亦不致失德之事，何乐而不为。[1]

其五，长汀《周氏家谱》卷一《族规》：

敦孝友。父母之恩，同于天地，兄弟之情，等于手足。故凡有血气，无不爱亲敬长，所谓良知良能也。人能率其良知良能，扩而行之，方不愧为孝友。至若温清，定省服劳奉养之，尝即愚夫愚妇，皆可随分自尽，如或任性忤逆，父母戕贼，手足肆行罔忌，惟妻子是私者，纵使父母容我，兄弟恕我，天地鬼神必然殄灭。凡我族众，鸣鼓共攻，轻则绳以家法，重则治以官刑。

联族谊。吾族虽微，支派各异，固有乡城散处者，更有远徙外方者，愈分愈疏，至有如路人不相识者。然由祖宗一脉推之，则分者可使之合，疏者可使之亲，如或以势相轧，以计相倾，以富贵傲贫贱，以形迹生嫌隙，以血气致忿争，殊失亲亲之谊，必也喜相庆忧相恤。财力可为者，庇其贫弱；贤智有余者，导其昏庸。设有小怨，彼此自友，则和睦之风蔼然，一族之内，斯可为乔木大家，垂裕不替矣。

正名分。宗党相接，名分攸关。必长幼不紊，

---

[1] 中国人民政治协商会议福建省武平县委员会文史与学习宣传委员会：《武平文史资料》第24辑，2015，第8~10页。

第一章　祖训家规的形式

尊卑秩然，方称礼仪之家。每见聚族而居，互相狎侮，以为脱略形迹，不知狎侮生则猜嫌起，构怨成仇将不可底矣，皆名分不正，滋之咎也。故凡为卑幼者，宜以分自安，有敬礼尊长之意；而为尊长者，亦毋徒恃其分，有欺凌卑幼之心。各尽其道，自然恩义周洽，合族和平。

遵礼教。人之贫富不同，皆当闲之于礼。诗曰："相鼠有皮，人而无礼，胡不遄死。"其垂戒也深矣！富而好礼，则骄奢淫逸之态不生，可以保其富；贫而好礼，则放僻邪侈之事不作，自无累于贫。故礼至则不争，礼可以远耻辱。凡人持身涉世，皆循礼而行，则举动自无过差，品立身荣，家声赖以勿坠也。

绍书香。富贵原有命，诗书不可废。盖读书穷理，则通礼义，文章德业皆由此出，可以显扬祖宗，光大门第者也。吾族以诗书传家，代有人文，后之子孙，宜共相砥砺以绍前休。苟或废学，贫则长为无聊赖之人，富则徒为豢养之子，相对皆粗鄙庸俗。虽昔日名宗华胄，至此亦变为小族矣。

崇斯文。家有绅衿，为族之望，则所以待斯文者。不可不致其优崇，使子姓观感有以兴起其读书作人之心。第为绅衿者，亦当爱护家庭，不失族众仰之意，若骄蹇肆意，凌侮上下，强侵众业，直为

朝夕勿忘亲令语：闽西客家的祖训家规

一族之蠹，靦颜衣冠何足重哉。

务常业。士、农、工、商，各有定业。子弟读书，进取科第，希图显亲扬名，固当励志潜修，岁月刮磨，此为上乘。但禀质不齐，遭逢各异，士之子岂必恒为士？或农、或工、或商，皆为常业，要当自择，谋生精勤，树立非惟，仰事俯育，可以无忧。亦且身心有寄，不至流于匪僻。若四民之外，则为游手，寡廉鲜耻，秽行辱身，无所不为矣。是谓有玷祖先，自应屏出族外。

尚节俭。居家之道，首崇节俭，俭则不侈。凡冠婚丧祭，以及居处服饰器用等类，宁约毋奢，宁朴无华，宁遵循古礼，毋习尚时好。若侈心一生，淫荡随作，放旷礼法之外，许多不好事皆旋踵至矣。若能事事循分，务汰浮靡，贫薄者可免求人，不至终身受困，丰于财者亦留有余，不尽福泽久长。一族之内鲜伙离失所，理固然也。

尊祠宇。祠宇之立，所以妥祖灵也，理宜清净严肃，自清明祭祀后，即加扃锁，凡我族众，毋因己厅隘窄而就堂宴宾，毋因远客而送处其室，毋引群招党游戏堂上，毋借贮物件造作木料。每值朔望，尊长与醮首亲抵寝堂，洒扫燃点香烛，从容拜揖而退。如子孙不遵约束，故犯前弊，鸣鼓而攻，合祠坐罚。悟已往之不谏，思将来之可改，此系看祠者

第一章　祖训家规的形式

之重任。

　　保先茔。祖宗体魄，藏于丘墓，乃后人发祥之所也。而子孙挂醮不勤，迹不遍，岁久年深，不免沦为荒塚，渐至迷失。吾族历世久远，祖茔多不可考者，皆挂醮无人，或以坟多难遍，或因远路难前，草草了事，乃周一二而毕也。今后子姓，尚其追远报本，每岁清明之期，老成留心之人，亲至各祖山拜扫，芟除榛芜，保固松楸，遇墓隧倾圮、碑文湮没者，便宜速修，毋或吝费迟缓。至各房私地亦然。其子孙远出及绝房之地，尤当推原一本代为挂醮，庶毋抛荒侵占之患。

　　祀功德。先王之世，勤事而死者，则祀之；有利后嗣者，则祀之；力足捍灾患庇人民者，则祀之。此朝廷所以报功德也。若夫一姓一族之内，亦有祀典所必及者。吾祖经历沧桑，事迹多湮，如前辈有大功德利泽垂于后世者，有竭力祠事扶植纲常者，安可不录其功德，使子孙一望而知故。凡有公平正直，不惮勤劳于众事之贤豪，其功德所在处，必须著明公赠，庶不忘前人鼓舞后贤之美意也。

　　急赋税。国家惟正之供，输纳不容少缓。每岁开征，必须依期早完。或遇掣肘，宁他事费用节啬，不可怠缓钱粮，况追呼严切，国赋未尝幸免。若能率先乐输，门庭不扰，身获安闲，在我明奉公之义，在官有良民之称。

立学田义田。族之称盛，由于科第蝉联，本于人文。而人文之奋起，或又必作养之有其具，而后好学有志之士相率鼓励，此学田之设所为亟亟也。吾族殷裕者极少，贫薄者最多，静念族中之子侄，有质美而不能从师力学者，有志切上进而乏舟车仆赁之赀者，有年逾壮岁未能成娶嗣续堪忧者，有老疾无供衣食莫靠者，有殡葬无措难以归土者。种种困苦，情实可悯。愿我族众各房，设法区处，不拘贫富，量力而出资财，签诸豪杰有德行恒产者，掌领生殖，毋致侵渔扩而充之。广置学义两田，一以为贫乏苦学者有所赞，一以为颠连毋告者有所恃。今家谱已成，特望族之贤豪竭力勉而为之，庶几后人亦感前人之恩矣。

珍谱牒。给谱以编定字号，注明分领。上用关防印记，宜在世守珍藏，每岁清明，各房私祭，将分领之谱同高曾而共设祭祀。俾前人一脉得享其祀，而后人亦藉以申其情必诚必敬，追远报本，斯亦无愧为仁人孝子矣！前届康熙庚寅族之闰生君等修谱，一间未及详细，草草鲁莽，塞责云尔。予尝观之，屡有是念重修。自乾隆辛巳四男应龙入泮，将数年心思付之谱牒，汇辑纂修，参互考订，以成全璧。今蒙合族公举，再加日夕纂辑重修，吾族倘

第一章　祖训家规的形式

有不肖之辈，盗卖传借，合族以族规公众责罚，若贫不能守谱者，许本房叔侄顶买收掌，决不可私卖他族，以取小利，庶无负予一生苦心也，愿我族众其共听之。①

其六，长汀《豫章涂氏宗谱》之《宗规》（见图4）：

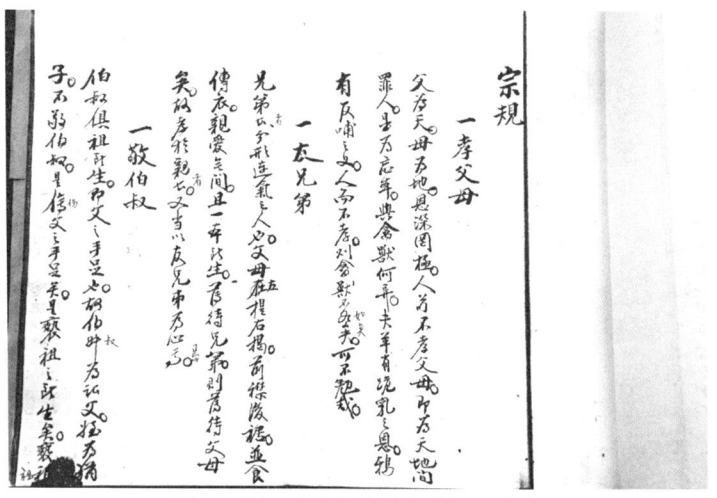

图4　长汀《豫章涂氏宗谱》之宗规

孝父母。父为天，母为地，恩深周极。人苟不孝父母，即为天地间罪人，是为忘本，与禽兽何异。夫羊有跪乳之恩，鸦有反哺之义。人而不孝，则禽兽不如矣，可不勉哉。

友兄弟。兄弟者，分形连气之人也。父母左提右揭，前襟后裾，并食传衣，亲爱无间，且一本所

---

① 周汝攀等编《周氏家谱》，清嘉庆癸酉（1813）季仲春月重修。

生，善待兄弟，则善待父母矣。故孝顺亲者，又当友兄弟为心焉。

敬伯叔。伯叔俱祖所生，即父之手足也。故伯叔为从父，侄为从子。不敬伯叔，是伤父之手足矣，是亵祖之所生矣。亵祖伤父，何以为人。

别夫妇。夫妇为人伦之始。夫和其妇，妇敬其夫，而家道以成。使夫妇反目，则阴阳不和，而生机息矣。且尤宜厚其别。夫各有妇，妇各有夫。若伦常乖舛，立见消亡。有犯者屏之，不许归宗。

训子弟。子弟为家门之继述。秀即宜课之诗，愚则当诲之耕。勤耕苦读俱可为。贤父兄所宜早训诫者，慎无纵其博矣。游手好闲，无所执业，以玷家风。

睦宗族。宗族派远，则有众寡智愚之不同。而本源则一，皆吾祖之所遗。倘有恃众以暴寡，藉智以欺愚，则自相戕贼。为祖宗者亦何乐？其有是智有是众乎。敬宗在睦族，尚其凛之。

敦伦纪。上下尊卑，伦纪所在，无可干也。若以下犯上，以卑犯尊，则伦纪何存。即以家法重惩之，然亦不可以长凌幼也。

恤孤寡。孤儿寡妇，穷无所告，乃吾祖之病脉也。惟赖同族，扶持之，提携之。庶病脉远延，不至重遗吾祖之痛矣。倘欺孤虐寡，即不念先人而于心何安。为是者,则合族共斥之。

安本分。庐墓山田,各有其主。在族中固宜各管各业,以昭雍睦。即在异姓,有与己业毗连者,亦毋得计图巧骗,以流为不肖之议。

重公堂。公堂为祖宗血食。经理者,固宜公收公算以对先人,其族中耕佃交租者,尤毋藉端拖欠须务。各存本心,同入同出,则祖宗之灵自永介以福矣。①

(三)家戒

还有一种家规,以"家戒"形式出现(见图5),如武平县《万石堂家戒十一则》:

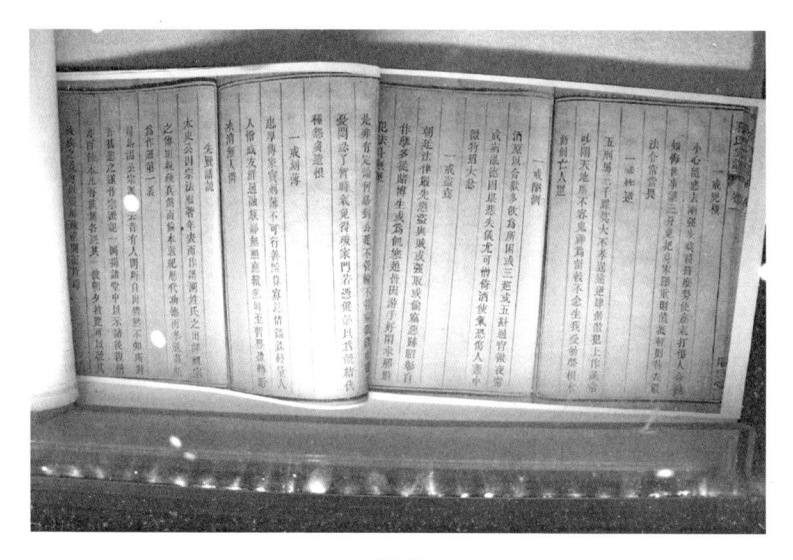

图5

---

① (不署撰著人)《豫章涂氏宗谱》,四十四世孙碧峰卓承氏谨录。

朝夕勿忘亲令语：闽西客家的祖训家规

游荡，人有耳目能听能睹，人有手脚能蹈能舞，具此官体，不农不贾，饱食暖衣，逍遥过市，弃尔诗书，荒尔田圃，家计萧条，基业易主，自此嬉游，有玷尔祖。

赌博，人惟懒惰，遂交赌友，赌尽家贫，一无所有，三五成群，将为盗薮，且引匪徒，钻墙窥牖，非盗即奸，中构亦丑，博棋好饮，不顾父母，不此之戒，祖岂佑尔。

争讼，争长竞短，都是生气，讼到公庭，大爹小的，出与人言，扬扬得意，不知当官，搭天抢地，倘或理亏，受刑系累，幸而胜焉，也要破费，莫逞雄心，免贻后悔。

攘窃，冥窃暗偷，谓莫予见，一朝予见，一朝败露，捕食到县，招认受刑，皮穿肉颤，差役起赃，辱及女眷，饱捕亡家，东逃西窜，死不入祠，生有何面，凡我子孙，莫拈钱断。

符法，法打包身，摩拳擦掌，打降行凶，强牵强抢，犯法遭刑，捷如影响，为首为从，那个漏洞，大则抵伤，小则答杖，不思肌肤，父母生养，育身及亲，你去想想。

酗酒，世上是非，多起于酒，加以贪杯，愈丧所守，乱语糊言，得非亲友，甚至醉时，胆大如斗，酗酒放风，裂肤碎首，醒后问之，十忘八九，如何

第一章 祖训家规的形式

节饮,免致献丑。

为胥隶,人在乡村,闲言存养,一入衙门,便知魍魉,一票一笺,几斤几两,只讲盘子,不思冤枉,少不得意,一索三掌,怒气冲天,报施不爽,快活赚钱,休作此想。

为僧道,邪说异端,莫如门道,高者谈元,卑者应教,昔圣昔贤,辟佛避妙,倘非虚无,何故抹倒,人有五伦,为僧一扫,尽如此辈,人类绝了,邪正两途,各宜分晓。

谋风水,既有天文,必有地理,得知有缘,非可妄取,近听术人,动谋风水。他人祖墓,恃强破毁,或牵或骑,连讼不已,死既不安,生何利矣,戒之戒之,牛眠在迩。

占产业,凡人产业,各有抵扯,窥其唇联,奸谋顿起,得寸思尺,造契造纸,曾不数年,弃中敝屣,向所越占,几能到底,拱手让人,落魄而已,何如守分,免受嗤诋。

家规家训家戒,不惜苦心苦口,撰书成言,厚望同族循其规,听其训,守其成,共为一族之孝子慈孙焉,孟子云:穷则独善其身,达则兼善天下,知其道不远矣。[1]

---

[1] 中国人民政治协商会议福建省武平县委员会文史与学习宣传委员会:《武平文史资料》第24辑,2015,第13~14页。

朝夕勿忘亲令语：闽西客家的祖训家规

（四）谱规

家规的另外一种形式是"谱规"。笔者在武平县文博园调查时，见到馆藏《颍川钟氏一脉族谱》中载有详细的《谱规》：

展祠墓。祠乃祖宗神灵所依，墓乃祖宗体魄所藏。子孙思祖宗不可见，见所依藏之处，即如见祖宗。时而祠祭，时而墓祭，必加敬谨。凡栋宇有坏则葺之，罅漏则补之，垣墙碑石则重整之，树木什器则爱惜之，或被人盗卖葬则同心协力复之。患勿视小，视无逾时，若使缓延，所费逾大。此事死如事生，事亡如事存，所宜急讲者。

正名分。同族兄弟叔侄名分，彼此称呼，自有定序。近世风俗浇漓，或狎于亵昵，或狃于阿承，皆非礼也。拜揖必恭，言语必逊，坐次必依先后，不论近远，俱照叔侄序列。情既亲洽，必更相安。不得凌犯长上，有失族谊，且寓防微杜渐之意。

重谱牒。谱牒所载，皆祖父名讳，孝子顺孙，日可得睹，口不得言，妆藏贵密，保守贵久。或即不肖辈，鬻谱卖宗，或誊写原本，瞒众觅利，致使以赝混真，紊乱支派者，不惟得罪族人，抑且得罪祖宗，众共黜之，不准入祠，仍会众呈官追谱治罪。

第一章　祖训家规的形式

供赋役。赋税力役，皆国家维正之供。若拖欠钱粮，躲避差役，便是不良百姓。连累里长，烦恼官府，身家被亏，玷辱父母。又准不得了事，仍要赋役究官，是何计算。故勤业之人，将一年本等差粮，先辨纳明白。

睦宗族。《书》曰：以亲九族，圣王且尔，况凡众人乎。末俗或以富贵骄，或以智力抗，或以顽泼欺凌，虽能争胜一时，已皆自作罪孽，尝谓睦族之要有三，曰尊尊，曰老老，曰贤贤，引伸触类，为义田，为义冢，教养同族，使生死无失所，皆豪杰所当为者，善乎。陶靖节之言曰：同源合流，人易世疏，慨然寤之，念兹厥初。范文正之言曰：宗族于吾，固有亲疏，自祖宗视之，则均是子孙，此先贤格言也，人能以祖宗之念为念，则知宗族之当睦矣。

勤职业。士农工商，业虽不同，皆是本职。勤则职业修，惰则职业骤，修则父母妻子仰事俯畜有赖，骤则资身无策，不免贻笑于乡里。然所谓勤者，非徒尽力，实要尽道，如士者须先德行，次文艺，切勿舞文弄法，颠倒是非，出入公门，有玷行止。仕宦不得以贿败官，贻辱祖宗；农者不得欺赖田租；工者不得作淫巧售，敝伪器什；商者不得纨绔冶游，酒色浪费。如赌博一事，近来相习成风，凡倾家荡产，无不坐此，尤当戒之。

恤孤苦。《尚书》称文王惠鲜鳏寡，国于鳏寡，尚留其生意，况同宗乎。今人馈遗，每施温饱，能还报之家，即往来不厌其颜。而族中鳏寡，曾不一念及之，甑里尘生，门前草长，或鸠杖而倚门间，或鸡骨支床笫，纵同门共巷，尚且置若罔闻，而况居住相隔乎。惟于应恤之家，常则为之馈麦斋粮，急则求医赎药。惠不期众寡，期于当厄，一体血脉相贯，庶不为痿痹之民。

止争讼。讼事有害无利，若造机关文，又坏心术。其无论官府廉明，何如到城市，便被歇家撮弄，到衙门便受胥皂呵叱。伺候几朝夕，方得见官，理直犹可，理曲到底吃亏，甚至破产辱身辱亲，冤冤相报，总为一念客气，始不可不慎。

丙午科举人诰授朝议大夫历任泉州延平府学同安南平等县教授裔孙肇英敬立

上杭县《再兴张氏族谱》亦见有《谱规》：

正源流。吾族自始祖开基迄今二十一代，一脉千户世次厘然，未有别姓混杂，从无随娘带养，买儿抱养者，承接世系源到清也，流至白也。现今刻谱告竣，整顿纲常伦纪，男正位乎外，女正位乎内。

第一章 祖训家规的形式

慎闺门广慈育，继继绳绳，天性之亲是为正服。至有年老无嗣，欲以旁侄承继，房族公议，端以同胞兄弟之儿正继。如同胞兄弟稀少，由亲而推，再经房族公议，权继取其与祖父骨血犹相联络。疏房之族，弗与焉。谓其派别支分，非祖父亲爱所及。若随娘带养，买儿抱养者，非我族类，不得上坟祭墓与收蒸尝，神不享非类故也。肃遵此例以正源流。

重明伦。族中有克孝克友、明礼让、端风化、明决果断、和乡息讼者，是良民中俊秀髦士。昔年每逢祭祀燕饮，岁时伏腊，共尊为上宾。

务本业。吾乡山多田少，士农工商各趋一途，务专本业，毋习邪教，古圣王诰告四方，无从匪彝，无即慆淫。一有不轨便为吾族所不齿，勉之戒之。

端士习。士为民之首，即为族倡，毋猖狂饮酒，毋奔逐繁冗。潜心举业，每年四季，齐集祖祠会课，编列甲乙，崇赏优等，大比之年加增月课，以励琢磨。

联保甲。往年别处有匪类恶习，汗染结党成群，默聚为匪，现经官府查拿，株累房族。吾乡前行保甲，未至有被诱入党者，此杜渐防微之良策，务宜恪守遵行，永食太平之福。

正纲常。吾乡向来递年四月初六日，共会族人，由明家法、禁例、条款约束人心，谨防奸匪贼盗四

朝夕勿忘亲令语：闽西客家的祖训家规

大□大干律例。其有犯者，通众公察。所犯轻重，照依递年申禁条例，轻重严处。重者削除祭者并逐出境，不许回乡潜匿。至有悖大纲，犯大□罪，当割谱者，家法官法并行办处。

定画一。族谱一书以封贮，德才人金匮一部为纲以颁发五六世。及颁下代，各分房七世共十部为目。纲谱封贮金匮大平，谨守不得私混擅开；目谱各分房兢兢恪守，遇有悖大纲犯大□情直罪，当公议割谱，会集各大房齐集开谱，先取纲谱公割，各出目谱齐割，以昭画一。如犯非大悖大□，或重罚或重处，例在递年申禁条款内，不得逞数人私忿，将自房目谱涂抹，自以为割谱，日后吊谱查对，处罚一房贷。

重名器。本族有捐纳职衔监贡，原为荣宗耀祖起见，自今修谱后，有上捐者，于照到之日务将实收部照摊开公众验明。如有欺旨假冒等情，决不许其顶带祭祀，庶衣冠不紊，贵贱分明。

慎婚娶。盖夫妇为人伦之始，一有不慎则家无以齐，而国亦无由治也。自今修谱后，如本族妇女出嫁外姓有复娶入为室者，断断不许入谱。即有生育，亦不准入名。[①]

[①] （不署撰著人）《再兴张氏族谱》，汀郡蒋步云轩锓，清光绪壬午（1882）重修。

第一章 祖训家规的形式

（五）禁约

笔者在平和县九峰镇黄田村调查时发现，该村上闹家庙大门口竖立着一块禁约（见图6）：

图6 上闹合约禁碑

上闹合约禁碑

从来安乡之法在于除盗，而除盗之法又在于严事而禁。我祠上闹派下，人丁蕃衍，虽纯良居多，恐败类不少。间有游手好闲之徒，廉耻罔顾，匪僻是蹈，始则穷取者产，继则勾引穿花。此种恶习，皆由父兄之教不严，故子弟之率不谨。兹本房家约

· 073 ·

身先倡率，邀请众房家约仝行议禁。凡遇盗物件并盗钱银，以及取非其有者与窝藏承受者，事无大小均以盗论。许鸣锣同搜，各家一人，不得推诿，就失主毗邻之家左右分从遍搜，毋使漏网。务要真赃方见真盗，断不得借疑似而行拷诘，亦不得漏网报以凌善弱，反搜获赃据。每家科责邀仝家约列名禀究，纵有强梁拒捕，众人失手打死，抑或知非自毙。系外来者公同禀报官；系本盗之，该父兄当自行收埋，不得借毙命以滋衅端。自兹以后，各宜守分循法，勉为良善。庶户不关而道不拾，风俗淳美，是所厚望为讳，勒石为禁。

（六）家约

上杭县《院前李氏族谱》载有八条《家约》：

敦孝悌。孝为百行之原，悌亦五伦之大。故立爱自亲，始庭闱之地有婉容，家道必盛。立敬自长，始骨肉之间无凉德，门第必兴。夫养志何分贵贱，即耕田凿井菽水亦可承欢。友恭问亲疏，即隅坐随行几杖亦关至性。大纲已立，小节斯张，凡我族人各宜致意。

睦宗族。同井则同乡，地居族党比闾之内。同宗则同族，人皆伯仲叔季之班。故常则饮酒馈饩，伏腊岁时，并敦洽比变则救灾恤患，水旱疾疫，共切扶持。惟善相规而恶相戒，斯堪佑启后人。若众暴寡而强欺弱，何以仰对先祖，尚联一本九族之亲，益广尊祖敬宗之意。

励儒修。纡青拖紫当年皆属寒儒，饮水饭疏昔日谁非苦读。故囊萤映雪贫贱时之咕哗弥勤，亦挂角负薪困顿中之诵读益奋。凡兹往哲皆可为师，况尔后生能无自勉，毋因愚钝而生暴弃之思，毋逞聪明而踵佻达之习，毋见异而思迁，毋半途而自废，试看岁科二试，获隽者谁非少年努力之人，即至甲乙二科中式者皆在老成积学之士。

勤耕种。禾麦菽粟二间原有不尽之藏，收获耕耘四时自具无穷之利。夫天时有丰啬风霜雨露，承天者端在人谋；地利有肥硗燥湿刚柔，因地者必资人力。故出而作，入而息，帝治首在能勤；而无旷土，无游民，王制先行禁惰。惟水耕火耨不弛，东作之方兴，斯庚亿仓盈，可卜西成之有庆。

尚节俭。天地有自然之美，利开其源者惟勤，物力只现在之孳生。节其流者在俭，夫一日之奢偿以数年之俭而不足，数年之俭败于一事之奢而有余，流之已竭后将何继。故圣王制礼冠婚丧祭自有一定权衡，而后世守经饮食起居岂宜过中靡费。守宁俭毋奢之训，存量入为出之思，衣食既丰，礼义自起。

朝夕勿忘亲令语：闽西客家的祖训家规

禁匪为。礼义廉耻谓之四维，四维不张国乃灭亡。国者家积也，治国然治家，何独不然。夫青衿佻闼先贻城阙之讥，即赤子戏游亦非门庭之福，况夫呼户喝雒。尤为逾闲荡检之谋，下至鼠窃狗偷，更属败名丧节之事。心术已坏，品行尤乖，务须杜渐防微，毋使潜滋暗长，遇有不谨之行，迸诸不齿之列。

慎婚配。夫妇为人道之始，婚姻观王化之成。故男有室，女有家，父母之命订于百年，而百两御百两，将媒妁之言严于二姓。若乃附热趋炎，因势利而重荐萝之托，抑且窬墙钻穴假窥而成婚媾之亲。则燕婉之求得此戚，施讥卫宣者贻馈新台河水之章；神明之胄，饰以吴讥鲁昭者负愧宋子齐姜之例。衣冠涂炭，人面兽心，无滋他族，渎我家乘。

完钱粮。食毛践土均沾高厚之恩，凿井耕田谁居覆载之外。故轻徭薄赋，君公之爱恤弥周，而好义急公、臣子之输将宜懔如。或逡巡观望，冀邀蠲复殊恩，抑且包揽把持，希图橐囊中饱，限期已迫，催科必严，国用所关，王章难恕。凡我族人宜各勉为良民，毋自居于顽户。

二十代裔孙光宙敬编[1]

---

[1] （不署撰著人）《院前李氏族谱》卷一之七"家约"，清光绪甲辰（1904）续修，汀郡步云轩梓行。

第一章　祖训家规的形式

概而言之，闽西客家村落形式不一、内容丰富的祖训家规，既相互交织又各有侧重。一方面祖训之中有家规，家规之中有祖训，但另一方面二者又有所区别。如果说祖训偏重于"训"，即劝善，谓之出于"礼"，那么家规则偏重于惩恶，谓之"入于刑"，两者共同构成了宗族社会的教化体系。

第二章　祖训家规的内容

闽西客家村落的祖训家规多为祖先立身、治家、治业、处世经验的总结与人生智慧的结晶，是他们自我约束的道德规范，其精义在于告诫后代子孙应当遵守的人生信条和行为规范，体现了忠孝廉节、仁义礼智信等以儒家学说为主体的传统社会核心价值观，既是客家文化的重要组成部分，也是中原文化在赣闽粤客家地区的传承，体现了中华文明的魅力与生命力。

归纳闽西客家村落的祖训家规，其基调为"修身齐家治国平天下"，主要内容包括家族关系、社会关系、家国关系等方面，核心要义则为以勤为勉、以仁为本、以和为贵。

一　主要内容

（一）家族关系

祖训家规的内容很大一部分体现在处理家庭和家族

关系上,闽西客家村落祖训家规的一条通则是"父慈子孝、兄友弟恭、夫信妇贤"与"和睦宗族"。在处理家庭关系方面,武平《钟氏族规》载:"一家有一家规矩。凡为人子者,事亲当尽其孝,事长当尽其悌,凡我一族之人,莫不皆我。如此则天伦之伤痛,尽尊卑之分明。况且吾今日为人子弟,他日为人父兄,若是上行下效,理势必然,此家规之所当守也。"[1]《王氏继宗公宗系族规八则》云:"父母为我身体所自出,无论贫富贵贱,均宜孝养无违";"兄弟为我同父母之人,如手如足,情谊何等亲切";"夫妇为人道之造端,男正位乎外,女正位乎内,同心协力,家道乃日兴隆"。[2]

在明确父子、兄弟、夫妇关系的基础上,有的祖训家规还进一步明确了处理这种关系的态度。如武平县《曾氏族规》云:"顺父母。从来为臣而能尽忠者,必为子而能尽孝也。移孝可以作忠也。盖顺父母是第一善事,不顺父母是第一恶事";"吾愿凡我宗盟,虽不能效显亲扬名之大孝,亦当柔色和声,负劳奉养尽其仪,晨昏定省尽其职,拓而充之,养志诚得矣";[3]"和兄弟。兄弟者,同胞共乳分形同气之人也。倘阋墙构怨于手足伤残,

---

[1] 中国人民政治协商会议福建省武平县委员会文史与学习宣传委员会:《武平文史资料》第24辑,2015,第40页。
[2] 中国人民政治协商会议福建省武平县委员会文史与学习宣传委员会:《武平文史资料》第24辑,2015,第6页。
[3] 中国人民政治协商会议福建省武平县委员会文史与学习宣传委员会:《武平文史资料》第24辑,2015,第50页。

则不能悦于堂上，又且见笑于张闾，家声□难振矣。务须兄恭弟友，两相和睦。兄有怨，弟当忍；弟有忿，兄当让，则争竞自息，嫌怒日消，家业自兴矣。但友恭之道，日为父母训诲之。方孩提之时，戒莫詈骂；同席之际，教坐以次序；及其稍长，训兄以尽亲爱之情，教弟以尽尊敬之礼。莫私积财货以起争端，莫偏听妻言，致疏骨肉，则子孙虽愚，亦能知警"。①

武平《南阳邓氏族规十则》亦云："正人伦，人有五伦，古今天下之大道也。在家重莫于祖父、伯叔、兄弟、子侄、母婶、兄嫂、弟妇、女媳及六亲眷属，均是骨肉至亲，务宜孝悌，奉亲友爱，祖为先，不可悖逆，横行乱伦，无理取闹，以致同室操戈，干犯法纪。"②

在处理宗族关系方面，则提出和睦宗族，族人之间应该守望相助、出入相友、疾病相扶。如武平《钟氏族规》载："族义当重。凡我子孙，现今族众人繁，难免贤愚不等，宜念祖宗开脉，以贤诲下愚，以才养不肖，切不可争斗而伤大义，小忿而举讼端，纵有大事情，有可容理有可怨，须含忍以待之。此族义之当重也。"③《王氏继宗公宗系族规八则》亦说："宗族宜互相存恤，出入

---

① 中国人民政治协商会议福建省武平县委员会文史与学习宣传委员会：《武平文史资料》第24辑，2015，第50页。
② 中国人民政治协商会议福建省武平县委员会文史与学习宣传委员会：《武平文史资料》第24辑，2015，第8页。
③ 中国人民政治协商会议福建省武平县委员会文史与学习宣传委员会：《武平文史资料》第24辑，2015，第41页。

相友,守望相助,疾病相扶持,喜忧相庆吊,方不失祖宗一本之谊。"①

武平《曾氏族规》云:"睦宗族……睦之道有三:修谱,以敦其谊;谒始迁之墓,以系其心;敦亲亲之礼,以报其恩。斯三者并行,虽土可以化其乡,况有位不难变于天下。凡我子姓,宜念高曾嫡派同此源流,时礼亲亲之道,喜相庆,戚相吊,患难相救,贫富相周,敬老、慈幼、分亲疏……宗族既睦,仁让成风,内变不作,外患不侵,人生此乐莫大乎?"②

武平县刘氏《家规十六条》曰:"亲睦宗族,宗族之人原同一本之亲也,虽愈分愈疏,而疏者宜联之,使亲吉凶相助、有无相通,毋以富压贫,毋以众欺寡,斯怨仇不结而宗族以睦。"③

(二)社会关系

闽西客家村落祖训家规涉及的社会关系主要有姻亲、邻里、远亲、朋友、宾客、僮仆,并对这些关系提出了应持的态度与处理办法。如对待婚姻关系,其基本原则是"谨肃婚姻"。武平《曾氏族规》曰:"重婚姻。司马温公曰:'凡议婚姻,必先察其婿与妇之性行及家法何

---

① 中国人民政治协商会议福建省武平县委员会文史与学习宣传委员会:《武平文史资料》第24辑,2015,第7页。
② 中国人民政治协商会议福建省武平县委员会文史与学习宣传委员会:《武平文史资料》第24辑,2015,第50页。
③ (不署撰著人)《龙溪刘氏族谱》,清嘉庆辛未年(1811)修。

如，勿徒慕富贵，婿苟贤矣，今虽贫贱，安知后日不富贵乎？苟为不肖，今虽富贵，安知后日不贫贱乎？'至于妇者，家之所由盛衰也，倘慕一时富贵而娶之，彼挟其富贵鲜有不轻其夫而傲翁如者，养成骄妒之性，异日为患庸有极乎？借假使因妇财而致富，倚妇势而取贵，苟有丈夫之志者，能无愧哉？"①

武平县《钟氏族规》："嫁娶当慎。吾家祖宗原是中原望族、仕宦之家，凡嫁娶之事乃关人之终生，传宗接代，必择忠厚善良之家。嫁女择贤能之婿，毋索重聘；娶媳求淑女，毋计厚奁，不可嫌贫贪富。宜应双方情投意合。此嫁娶乃齐家之道，之所当慎。"②

对待远亲近邻，武平县《钟氏族规》曰："远近当亲。吾族根生河南，苗长闽汀，枝发武邑，皆系祖宗之本，凡有异地远方同宗之人来往，不可怠慢疏远而避之，务其相为敬爱，热情招待，睦族亲邻相处之。"③ 武平县《南阳邓氏族规十则》说："洽邻里，远亲不如近邻。邻里友好，出入可以相守望，疾病可以相帮扶。洽比也者，有无相通，患难相顾。斯邻里之赖有我，而我亦赖有邻

---

① 中国人民政治协商会议福建省武平县委员会文史与学习宣传委员会：《武平文史资料》第24辑，2015，第50~51页。
② 中国人民政治协商会议福建省武平县委员会文史与学习宣传委员会：《武平文史资料》第24辑，2015，第41页。
③ 中国人民政治协商会议福建省武平县委员会文史与学习宣传委员会：《武平文史资料》第24辑，2015，第41页。

里。"① 武平县《修氏家训家戒》云:"和睦邻里,远水不救近火,远亲不似近邻,三家五户要相亲,缓急大家帮衬,是非宜解,冤家莫结,莫恃豪富莫欺贫,有事常相问讯。"②

对待朋友,武平县《南阳邓氏族规十则》说:"慎交友,在家靠父母,出门靠朋友。近朱者赤,近墨者黑。得其人可以同患难,共生死;失其人而玷名节,坏天性。结交须胜己,似我不如无。"③ 武平县《王氏继宗公宗系族规八则》云:"朋友为五伦之一,交接往来首重信义,古今之交友也,倾盖如故,白道如新,良以金兰契合,贵贯始终如一也。族人如有不信于友,专以权术欺诈用事,或以新知而弃旧交,或以富贵而大有厌贫贱,此等凉薄之人,族中宜鸣鼓攻之。"④

对待宾客,武平县《蓝氏家规》曰:"宾客者,吾族往来交际之正道也。本家虽贫富不均,更住乡落,亦应尽故旧之礼者乎!凡有远方、异姓之来者,非亲即友,宜随家丰俭款待,极尽主之情,施之礼仪。不然,是谓

---

① 中国人民政治协商会议福建省武平县委员会文史与学习宣传委员会:《武平文史资料》第24辑,2015,第9页。
② 中国人民政治协商会议福建省武平县委员会文史与学习宣传委员会:《武平文史资料》第24辑,2015,第43页。
③ 中国人民政治协商会议福建省武平县委员会文史与学习宣传委员会:《武平文史资料》第24辑,2015,第9页。
④ 中国人民政治协商会议福建省武平县委员会文史与学习宣传委员会:《武平文史资料》第24辑,2015,第6~7页。

恭敬而无实。盖君子不可虚拘者矣！"①

对待僮仆，《蓝氏家规》曰："僮仆之于主人者，犹人君之能臣奉侍于君也。其位虽殊，其分则一，故凡主人之处僮仆，不特当教之以善，犹当约束以威也。出作入息，俱有常期，耕田管水，俾无怠荒。间或有物来偿其主，亦须跟问来历，不可辄便喜悦，诈冒不知，恐生大害。至于名分，更要截然不紊。但是主人同宗一脉，若或撞遇，必须走逊、起敬，不可玩亵坐视。如有此等，过问主人惩治，固以纵容不殆，罪坐本主。"②

（三）家国关系

"国有国法，家有家规"，如果说国法是治国，那么祖训家规就是理家。治国依靠法律条文，理家则靠道德规范。家国同构，国与家相连、家与身不可分。治国从理家开始，理家从修身起步。国之本在家，家之本在身，所谓"修身、齐家、治国平天下"。对此，闽西客家村落的祖训家规也多有反映。《平和县武城曾氏祖训》云："尝闻家之有规，犹国之有政也。国无政，罔获克治；家

---

① （不署撰著人）《蓝氏族谱》，原载明万历四十二年甲寅（1614），笔者在武平县大禾乡源头村田野调查时，录自当地村民的手抄本，个别地方疑有出入。
② （不署撰著人）《蓝氏族谱》，原载明万历四十二年甲寅（1614），笔者在武平县大禾乡源头村田野调查时，录自当地村民的手抄本，个别地方疑有出入。

第二章 祖训家规的内容

无规,何以能齐。"①《宁化县翠江镇巫氏家规》说:"家之有规,犹国之有法。然国法治于未事,家规禁于既事,所系为尤急也。"②

不仅如此,闽西客家的祖训家规还体现了爱国与爱家的关系。宁化县湖村镇黎坊村《黎氏族规》曰:"家声必须清白,凡族中有出仕者,耀祖荣宗,固属可佳,当忠敬尽职,廉明存心,以为名宦。若尸位素餐或贪滥不明者,族中尊长必公斥之。"③《清流县陈氏祖训》曰:"世卿公曰:汝曹事亲以孝,事君以忠,为吏以廉,立身以学。学也者学乎,忠、孝、廉而已也,世世子孙固守遗训,勿坠家声";"渊公曰:人臣爱君必如爱父,爱国必如爱家,爱民必于爱子。能爱君则爱国,爱国则爱民,故爱子则家齐,爱君则国治,爱民则天下平";"渊公又曰:君子立朝,秉政前头,路要放宽,如窄些,则后日的身子难以转动。居官不爱子民,为衣冠之贼,立业不思积德,如眼前之花"。④ 表现出祖训家规与官箴的良性互动,显然也是一种祖训家规国家治理化的体现。

无独有偶,武平县《蓝氏祖训家规》也说:"祖训

---

① 中共福建省委文明办、福建省地方志编纂委员会、福建省妇女联合会编译《福建家训》,海峡文艺出版社,2014,第180页。
② 中共福建省委文明办、福建省地方志编纂委员会、福建省妇女联合会编译《福建家训》,海峡文艺出版社,2014,第213页。
③ 中共福建省委宣传部、中共福建省委文明办、福建省地方志编纂委员会、福建省文化厅:《福建乡规民约》,海峡文艺出版社,2016,第257页。
④ 中共福建省委文明办、福建省地方志编纂委员会、福建省妇女联合会编译《福建家训》,海峡文艺出版社,2014,第370页。

者,所谓约束人心,维持风化,正家犹正国者也。夫自太朴死而风气塞,聚麀而子不父,阋墙而弟不兄,夫妻多反目之叹,尊卑忘冠履之分,久矣!家道不可而不正也。故《书》曰:'正家而天下定矣';《传》曰:'其家不可教而能教人者,无之'。故君子不出家而成教于国,良有以也。我蓝氏,忝系平川钜族,文物衣冠,奕叶相承,明著于世,诗书礼乐,平泽而存,于今犹烈;夫何近日之间,习俗之移?虽贤者亦在所难免,若世变江河愈趋愈下,非有志于天下家国者,安得挽而止之。"[1]《景常公太遗训》第一条即为:"遵守王法当知国课早完。"[2] 不仅指明了祖训家规的作用,还说明了祖训家规与国法的关系。

二 核心要义

(一)以勤为勉

在众多的祖训家规中,"勤俭"二字可谓反复出现的高频词汇。武平县《钟氏族规》云:"耕读当勤。凡吾家子孙不耕则读,不读则耕,耕读两字人生之大要。盖勤耕可以足食养身,勤读可以明理荣身。若不耕则仓廪

---

[1] (不署撰著人)《蓝氏族谱》,原载明万历四十二年甲寅(1614),笔者在武平县大禾乡源头村田野调查时,录自当地村民的手抄本,个别地方疑有出入。

[2] 蓝养明等编修《源头蓝氏族谱》,1987年蜡刻本,第14页。

第二章 祖训家规的内容

虚、衣食困,受穷不免;若不读则学问浅,礼仪疏,愚昧不免。故耕读两者尤为吾子孙所当勤也";"勤俭当勉。勤为立身之本,俭乃治家之方,盖勤则能免以贫,俭则能足其用。古语有云,男务于耕,女务于织,量其所入,度其所出。此勤俭两字之所当勉也"。① 在同一则族规中不断地重复说明勤与俭的重要性。

武平县《曾氏族规》也是如此:"勤本业。士农工商,四导皆有本业。从本业其获利方得长远。若异端邪术,纵务财而害及子孙。至于立志读书,乃扬名显亲之本,固是第一美事,但看子弟贤愚如何,若禀质顽劣,仅可教之通达而已,即教以别业,或农工商,买精一正艺,俱可以养身家,如必拘泥于科第,至老不成名,好逸恶劳,不能用力,再欲习艺,呜呼老矣。凡我同宗,后日子弟有聪睿颖悟者,方教以读书;姿性鲁钝者,使之稻成一技,庶族内无游手之辈,而匪类无从而生,为父母者,其知之。"②

诸如此类,还见于武平县温林五郎公《诘言家训》:"务勤俭而兴家庭";《修氏家训家戒》:"奋志芸窗,鸡鸣早起诵读,学习圣贤楷模。宝剑锋从磨砺,梅花香自苦寒,凿壁偷光,潜心奋志,不愁脚下青云路,报国耀

---

① 中国人民政治协商会议福建省武平县委员会文史与学习宣传委员会:《武平文史资料》第24辑,2015,第40页。
② 中国人民政治协商会议福建省武平县委员会文史与学习宣传委员会:《武平文史资料》第24辑,2015,第51页。

祖荣宗";"勤劳本业,有田勤尔耕锄,艺精亦足养家,世事有本有末,还须务本为高,便宜莫贪,浪荡莫效,克勤克俭促富有"。①《平川城北李氏宏璧公家训十则》:"俭持家政 量入以为出,菜根滋味多。葛缔勤薄浣,美著周南歌";"勤要有常 进锐退常速,有初鲜克终。悯苗莫助长,耕读一般同"。②《十方黄陌李氏家训》:"农桑衣食之必资,上可以供父母,下可以养妻子,所在奉生之本也。苟不勤力耕种,必致荒芜田园。凡我族人,切不可偷安懒惰,以致终身饥寒。"③

(二) 以仁为本

在闽西客家村落的祖训家规中,蕴含了丰富的为人之道,其精髓思想为"仁"。"仁"在家庭关系中体现为孝悌,在社会与国家关系中则表现为忠信,而对待弱势群体则为慈善。

1. 关于孝悌

武平县刘氏《家规十六条》曰:"孝顺父母,父母者生身之本也,生身之恩,昊天罔极,何敢不孝?况已……故兄必友于弟,弟必恭其兄,不友不恭,是自伤

---

① 中国人民政治协商会议福建省武平县委员会文史与学习宣传委员会:《武平文史资料》第24辑,2015,第48、43页。
② 《武平城北李氏族谱卷首末综合丙本》,民国二十七年(1938)版。
③ 李廷选编《十方黄陌李氏家训》,1918年次乙未署月,抄自大余新城李氏重修族谱家训一号、二号。

其手足矣。凡为兄弟者宜思既翕之乐，毋开阋墙之衅。"①
武平县《蓝氏家规》云："孝悌者，百行之源，通于神明，光被四表，正家者最先之急务也。若卧碑六言云：'圣谟洋洋'。宜家喻户晓，使童子传习。然能举而行之者，几何人哉？本家子弟，嗣后不可视为虚文，务必措之实行。故凡有父母在堂者，须当克尽子道，生则致敬，死则致哀，葬则尽礼，祭则尽诚，循其分之所当为，黾勉从顺，斯可以为孝矣。其或身重过恶，陷亲而不义者，在王法固所不赦。而以言语忤逆其亲，不能承颜顺志以为养，族众亦须鸣鼓而攻之其罪，使之知有所儆。仍若不悛，族之长者必须将之锁解送官惩治，亦不肖者之教诲也。宜谨之。"②

武平《丘氏古堂训》载："敦孝悌，孝悌之心本乎天性，孩提知爱稍长知敬，由此为扩充为贤为圣锡类推恩克思有致。"③

武平《何氏家训》载："训孝，自古司徒掌教，首在明伦，而明伦之教，必以孝行为先。帝王统天下为一家，故以孝治天下。而其教为甚宏，庶民联一族为一家，故当孝训一族，而其教可遍及圣经，贤传言孝者，众人

---

① （不署撰著人）《龙溪刘氏族谱》，清嘉庆辛未年（1811）修。
② （不署撰著人）《蓝氏族谱》，原载明万历四十二年甲寅（1614），笔者在武平县大禾乡源头村田野调查时，录自当地村民的手抄本，个别地方疑有出入。
③ 中国人民政治协商会议福建省武平县委员会文史与学习宣传委员会：《武平文史资料》第24辑，2015，第15页。

所熟听。考先代颖考公,秉性淳厚,以至孝闻,身为宰辅,尊养并至。南北朝,琦公事母棒檄逮存,终养后即隐居不仕,二公之孝思,可谓笃而且切矣!凡我同族讲孝者,当以是为标准";"训悌,五典之中,立爱自亲始,而立敬必自长始,故友于之化,施于有政知悌弟之道。而后长幼之伦,秩然有序,悖逆之气,涣然消,所谓兄弟既翕,和乐且耽者也。稽元前代点公、胤公,情同手足,友爱性成。南北朝时,昆季同徵,兄已托疾而不起,弟亦辞职而隐居,似此,兄难为兄,弟难为弟,故得有大山小山之美称焉。凡我同族言弟者,当以此为景行"。①

2. 关于忠信

武平县《丘氏古堂训》云:"主忠信,一诚之理备于人心,毋欺夙夜时忱事君,交友金石为箴,日崇德业名留古今。"②

武平《何氏家训》云:"训忠,尽己为忠,中心为忠,忠之时,义大矣哉。故不忠为省身之首务,效忠乃匡国之要图。圣贤之明训,既详言于典籍矣。若晋之次道公,社稷为怀,明之相刘公,城颓尽节。吾族之光,于史册者实不乏人。果知忠之为道,凡于应事之际,尽其心而竭其力,质诸己而可对诸人,庶俯无惭,影衾不

---

① 中国人民政治协商会议福建省武平县委员会文史与学习宣传委员会:《武平文史资料》第24辑,2015,第23~24页。
② 中国人民政治协商会议福建省武平县委员会文史与学习宣传委员会:《武平文史资料》第24辑,2015,第15页。

第二章 祖训家规的内容

怍矣";"训信,有诸己之谓信,神圣之始基也,昔孔子以轧,喻信之不可无,信可行之蛮貊,不信则难行于州里,圣贤问答,亦綦详矣。溯庐江子思公,西城栖凤公,著书立说,无不以信为指归,即参西铭近思录,亦以信为根底,则信实为家传之宝,后人切勿放弃焉"。①

3. 关于慈善

武平县《王氏继宗公宗系族规八则》说:"族中鳏、寡、孤、独宜为设法保全,古先王发政施仁,首及穷民之无告,良以老而无夫妻子女之奉,幼而无提携保抱之人,其惨苦情形实在无处可诉,故国家特别优恤之。我族人虽不能如范文正之置之义田以活族,然遇有老迈无依之人暨寡妇孤儿,无力可以自给者,应各视能力之所及,补助而扶养之,以敦一本之谊,倘有不知保护而反加欺凌者,族众闻知应即共同攻击。"②

武平《马氏家训十条》云:"怜鳏寡,残疾孤寡翁妪最应照顾周全,儿离母苦贫贱最堪,怜寒则予旧絮,饥则授余食。"③

武平《丘氏古堂训》载:"恤孤寡,穷民无告气数有偏,冲龄失养苦节苟延;伤心道路矜属宗联,提携敬

---

① 中国人民政治协商会议福建省武平县委员会文史与学习宣传委员会:《武平文史资料》第 24 辑,2015,第 24 页。
② 中国人民政治协商会议福建省武平县委员会文史与学习宣传委员会:《武平文史资料》第 24 辑,2015,第 7 页。
③ 中国人民政治协商会议福建省武平县委员会文史与学习宣传委员会:《武平文史资料》第 24 辑,2015,第 2 页。

重保护宜全。"①

武平《修氏家训家戒》曰："怜惜孤寡，天下穷民有四，孤寡最宜周全，儿雏母苦最堪怜，况复加之贫贱则予以旧絮，饥旧授之余饭，积些阴德福无边，劝你行些方便。"②

（三）以和为贵

家和万事兴，"和"亦为闽西客家村落祖训家规的核心要义之一。武平县《南阳邓氏族规十则》说："正名节，五伦之中有尊卑长幼，家有伯叔、兄弟。为子侄者，均宜兄友弟恭，孝顺和睦，切不可逞凶斗殴，秽言凌辱，污伤大义。至于称呼，也要有序，不可混言无忌，伤了和气"；"谨言词，病从口入，祸从口出，躁人词多，正人词少，口无遮拦，每每惹祸。嘲语伤人，痛如刀割，以致口角成仇，官司结怨，大则倾家丧身，小则败坏名节。谨言慎行，切切此一戒"。"忍气忿，气乃无烟炮火。忍得一时之气，免得百日之忧。此言虽浅，必当果行。何况怒气伤神，即不犯法，亦暗损天年，和谐为贵"。③

武平县刘氏《家规十六条》云："和好夫妇，夫妇

---

① 中国人民政治协商会议福建省武平县委员会文史与学习宣传委员会：《武平文史资料》第 24 辑，2015，第 16 页。
② 中国人民政治协商会议福建省武平县委员会文史与学习宣传委员会：《武平文史资料》第 24 辑，2015，第 43 页。
③ 中国人民政治协商会议福建省武平县委员会文史与学习宣传委员会：《武平文史资料》第 24 辑，2015，第 8~9 页。

第二章 祖训家规的内容

者家道之成败所关也,故必和好,斯夫有为妻内助而家道乃成,不可有反目之伤,尤不可令牝鸡司晨"。①

武平县《蓝氏家规》曰:"外侮者,多由己不忍所报也。孟子曰:夫人必自侮而后人侮之,家必自毁而后人毁之。所以君子尽'三友之道,俾自正而天下归之'。本家素以忠厚相传,不敢轻易犯人。其或积逆之来加总不与校,必不得已再三不与论。三忍让而不止者,须同心竭力而御之。然亦适可,已甚而以致乱。此乃保身保家之道,贤子贤孙宜戒之!勉之!"②

武平县《城厢陈氏大成谱》曰:"凡事须让人一着,不可网打尽,庶使人敬我,事亦自安而省祸。行事不可经行自遂,必三思之,其无害于义理者却行之,否则决不可行。若剧行之,必悖理也,悖天理,则欺天矣。人而欺天,罪莫大焉。"③

在闽西客家村落的祖训家规中,有关"和兄弟""睦宗族""睦乡邻""洽邻里""和睦兄弟""友爱兄弟""和睦乡邻""和睦邻里"的表述,比比皆是,难以尽举。

这种"以和为贵"的祖训家规还见于闽西客家村落

---

① (不署撰著人)《龙溪刘氏族谱》,清嘉庆辛未年(1811)修。
② (不署撰著人)《蓝氏族谱》,原载明万历四十二年甲寅(1614),笔者在武平县大禾乡源头村田野调查时,录自当地村民的手抄本,个别地方疑有出入。
③ 中国人民政治协商会议福建省武平县委员会文史与学习宣传委员会:《武平文史资料》第24辑,2015,第34页。

朝夕勿忘亲令语：闽西客家的祖训家规

鲜活的案例。以下这则口碑材料与永定县江氏金丰祖训有关：

承启楼的创建者江集成，克勤克俭，治家有方。有一次，因手头紧些，想收回一家借户的钱。不料借户蛮不讲理，还持一根柴棒，照着江集成头上劈来。顿时，江集成的额部开了一个裂口，血流满面。邻居见势头不对，赶紧将江集成搀扶着离开。江集成挨打的消息很快传到他家人的耳朵里，他的儿子侄子一个个摩拳擦掌，带着耙头钩刀赶到，一场风波马上要爆发了。江集成上前把儿子侄子拦住，若无其事地说："你们可不能造次哟，他哪有这么大胆敢打我，是我自己没站稳脚跟打了一偏，跌倒在地伤了额门，怎么能怪别人呢？"话毕，儿子侄子怒气全消，没有纠缠，拥着江集成回家。中午时分，说也怪，那个借户不知害什么病，身子壮壮的竟突然死了。这天晚上，江集成破例叫屠户杀了一头猪，开了几坛老酒，叫楼里人都来喝"福酒"，儿子侄子们和楼里人都丈二和尚摸不着头脑：一向省俭的他，今晚怎么舍得如此"挥霍"一番？酒过三巡，江集成才庆幸地举起酒碗，高兴地说："忍气留财喽！早上我的额门的确被他劈伤了。但我想，君子不与牛牯斗。要是早上你们跟他计较起来，就算没拼个你死我活,那么中午他死了,他家准找上门来,告到官府,那还了得!吃起官司,我们这辛辛苦苦花了半辈子创下的家业,就得荡尽了。今晚,我们才杀了一头猪,开了几坛酒,比起来不过小花费,算起来却赚进一大笔钱呢。所以我们今晚喝的是福酒啊!"话毕,江集成一口气把碗里的酒喝完。这时,大家才恍然大悟,接着也都举起酒碗一饮而尽。①

三 反映的社会观念

闽西客家村落的祖训家规大都包含着修身、齐家、治国、平天下以及礼仪、教化等中国传统文化的精华,许多祖训家规通篇闪耀着追求仁义,争取公平正义,讲求诚信友爱,提倡无私奉献等传统文化价值的光辉,亦体现了中国文化的本质和中华民族道德的精髓,正可谓"小家训,大文化"。

(一)慎宗追远,不忘祖德

祖先崇拜是闽西客家村落最为重要的社会观念之一,也是传统客家村落社会运作的原动力。正因为此,有些祖训家规对祭祖坟、祖祠、祖尝分配及"宝藏族谱"还

---

① 中共福建省委文明办、福建省地方志编纂委员会、福建省妇女联合会编译《福建家训》,海峡文艺出版社,2014,第276~277页。

朝夕勿忘亲令语：闽西客家的祖训家规

作出具体的规定。永定县吴氏《澹庵公太遗嘱》曰："先念祖宗生育之恩，报本之礼不可有失也。抽出田税店业共税三百一十二秤……田店下落处所俱开于后，四时庙祭坟祭俱出于此。……老夫立身，独在敬祖。蒸尝田业，不许子孙无耻扫荡，动以贫穷分割，擅自鸠合出卖。其田税屡年收租轮祭外，余银积买上等风水修整坟，不许擅分余银，坐取不孝之罪。"①

武平县《曾氏族规》曰："敬先祖。人之有身，父母生之。祖先者，父母之父母也。推而之上，又为祖之父母，父母之祖也。言念及此，虽本支百世，皆吾身所自出也，乌可不敬乎？然敬之将何如？人能陷身于义，则可以报父母者，则所以敬祖先也。庙宇经营，祖灵有栖止之处；春秋祀享，祖先无冻馁之嗟，远不忘而近不渎，真恫潜孚，死如生。而亡如存，至忱丕露，念创业垂统之功，德不泯而报本追远之诚信常昭，尚其敬止毋忽我。"②

宁化县泉上《李氏族规》载："祖墓之宜谨也。祖先葬于数十百年前。惟赖后人保护。乃为子孙者，妄信祸福之说，名为傍祖，实为挖祖，即此是祸，又何言福。嗣后敢有掘冢盗葬者，众呈官起迁，削其支派。至若与祖坟甚远无碍者，亦必禀批定，出尝若干，后方许葬。

---

① 该《遗嘱》由永定第一中学原校长吴兆宏先生提供。
② 中国人民政治协商会议福建省武平县委员会文史与学习宣传委员会：《武平文史资料》第24辑，2015，第49页。

第二章 祖训家规的内容

如先私开者,罚银三两,不许安葬";"祭墓之必亲也。墓藏祖宗遗体,子孙永宜保守。每戚长者必率少者亲往,展视扫除,庶识认者多人,远不致遗失。嗣后祭墓之日,必带尝钱贰百文于墓前,按名分给;若不赴墓祭,则祠中亦不得与席饮福,违者罚银壹两,惟五十以上十岁以下者不用此规"。①

宁化县湖村镇黎坊村《黎氏族规》曰:"祠堂以妥祖灵,不得污秽,勿容损坏。春秋修葺,四时将享,晨夕香灯敬谨,祀奉必使千秋如昨,万古维新,庶世德相承,祖祠攸光,诚族中之厚幸也";"祀蒸尝,入庙祭奉,先思孝,俨然如在。斋戒沐浴以洁身心,衣冠礼仪以严诚敬。按庙中祭以大夫之礼,一切礼乐器用,须循家礼祭之,至于清明拜扫祖茔,必亲往坟墓,虽贫困不可忘情,富贵不容惜步,以尽报本追远心。或住居远,年深坟芜,后世离灭者,房族代为修而祭之,以昭宗亲仁爱之念可也"。②

武平县《钟氏族规》载:"扫墓祭祠。坟茔祠乃先祖栖魂骸之地,凡我子孙,但遇春秋两祭及除夕等节,必齐明盛服,以供礼事。尽其报本追远之礼,凡为人子者,独不见虎狼执丧羔羊跪乳。禽兽尚知报本,何况于

---

① 中共福建省委文明办、福建省地方志编纂委员会、福建省妇女联合会编译《福建家训》,海峡文艺出版社,2014,第234~235页。
② 中共福建省委宣传部、中共福建省委文明办、福建省地方志编纂委员会、福建省文化厅:《福建乡规民约》,海峡文艺出版社,2016,第256页。

人乎";"谱牒者以记祖宗之功德,百世之源流也。世人皆以舍玉为宝,而视谱牒为外物焉。岂知国之史书藏之金匮,以存祖宗之历史,子孙胤祚之无穷也,谱牒之宝亦如此,凡吾子孙者,当思木本水源,宜珍藏保存谱牒,使世代子孙待其所宗,此族谱所宜宝也"。①

宁化县泉上《李氏族规》曰:"谱牒之宜重也。今谱告成,编定字号分给,但恐有或图小利转鬻异宗;又或视同闲物,听其遗失。轻族谱即亵祖宗,约三年于祠内照名会谱一次,遗弃者公罚银二两。亦即于其会谱日另设一簿,令各房开明已后生殁,娶葬履历,至三十年又复增修,庶无差讹。"②

宁化县湖村镇黎坊村《黎氏族规》:"本族谱牒,今聚大成。合修法仿名家旧谱式,合欧苏二家。世传、昭穆、名号、生卒、娶葬、实行事迹悉载详明,质而无文、俾观者朗然易览也。族谱非有齿德者不能掌管;非公平正直之士不能纠首,每年清明亦当另加优礼,是为敬老尊贤之遗意也。族谱与国史并重,不容失散者也。今印刷一十六部,编写德行、言语、政事、文学、诗书、礼乐、易象、春秋字号,填注收执人名,每年清明祭祖之日,各人连箱掇出,祭毕当众查验,如有疏失坏损,凭

---

① 中国人民政治协商会议福建省武平县委员会文史与学习宣传委员会:《武平文史资料》第24辑,2015,第41~42页。
② 中共福建省委宣传部、中共福建省委文明办、福建省地方志编纂委员会、福建省文化厅:《福建乡规民约》,海峡文艺出版社,2016,第234页。

众公罚。族谱三十年一修，近则易查，远则无改。宋景濂太史云，三世不修宗谱，比之不孝，可不慎欤！今当置草谱一册，于每岁清明详载一年之生娶卒葬，岁岁皆然。既无遗怠之咎，又无搜索之苦矣。族谱虽云明世系、志生卒，编年纪月，列字书名，然祖德宗功，里人犹乐道之，况属在子孙乎！今耳目所及者，寸长必录，以志不忘也。旧谱同名共号者多，世远人湮，不能详改。自后每岁新生子孙，限清明祭谱之日报名填册，倘有同名，年小者更之，庶无雷同混乱者也。"①

武平县《曾氏族规》载："族规引父史之教不先，子弟率不谨，故立法立言无非齐子姓敦睦之礼，循规蹈矩，方能礼祖宗源本之情。爰著章程，务宜凛守。"②

（二）崇文重教，耕读传家

崇文重教、耕读传家是闽西客家社会的又一大风尚。宁化县湖村镇黎坊村《黎氏族规》曰："族中有文章、德行、公平、正直或贤能才智，及能诗词歌赋者，悉当见载于谱，俾后之子孙知某公之美、某公之长，以垂休于奕祀，且以俟他日采风者"；"培人才之养。聪明贤智，得之最难，弃之甚易。族中子弟有才能俊秀者，当延师

---

① 中共福建省委宣传部、中共福建省委文明办、福建省地方志编纂委员会、福建省文化厅：《福建乡规民约》，海峡文艺出版社，2016，第256页。
② 中国人民政治协商会议福建省武平县委员会文史与学习宣传委员会：《武平文史资料》第24辑，2015，第49页。

朝夕勿忘亲令语：闽西客家的祖训家规

以教之，倘贫不能作养，凡祖太有公堂者，当给束修笔墨之资，以培养人才，光大门族也"；"置赡学之田。语有云：'为庠序学校，以教之故。由学而补廪者，朝廷尚给出廪膳之资，况族中俊秀者，尤当广置学田以赡府县道试之资，庶不失崇儒重学之意。'"① 武平县《颍川堂钟氏族谱》云："耕读当勤。凡吾家子孙不耕则读，不读则耕，耕读两字人生之大要。盖勤耕可以足食养身，勤读可以明理荣身。若不耕则仓廪虚，衣食困，受穷不免；若不读则学问浅，礼仪疏，愚昧不免。故耕读两者尤为吾子孙所当勤也。"②

《澹庵公太遗嘱》云："父欲概分以为生员儒资，共父置湖雷麻公前田税贰百一十秤，父俱拨为生员儒资田业。仍将常广、常端、常镇共置丰田刘坑田税九十三秤，亦拨为生员田业。后常端已故，伊男吴宗益、宗义、宗隆违命将刘坑田税摘出三十一秤粮米六斗贰升，地塘租米一升八合擅卖与郑本，常镇思系先业难忘，备办银四十二两赎回，拨与生员管业，抵出汤里父分下近侧田税三十一秤夫妻自耕外，是镇思父分田业俱已拨与生员，止承分没官田税七秤半，止遗留畲尾另并无田业与镇耕活。……今镇夫妻寿跻八十有四，桑榆晚景……将平日

---

① 中共福建省委宣传部、中共福建省委文明办、福建省地方志编纂委员会、福建省文化厅：《福建乡规民约》，海峡文艺出版社，2016，第256~257页。
② 中国人民政治协商会议福建省武平县委员会文史与学习宣传委员会：《武平文史资料》第24辑，2015，第40页。

第二章　祖训家规的内容

所买家业已于正德四年瓜分三房，……抽出田税店业共税三百一十二秤概为生员粮米，内分三房平纳。……又念家业颇成，诗书礼义不可无人，除父已拨生员田业不在此数，镇自续抽田税六百零二秤坐落处所并载粮米俱开于后，其税俱概以为生员儒资束脩应试俱出于此……老夫其次立身，以养贤为重，除生员田业，后有子孙能谙文理考送入学读书者俱与收管。至出仕之日，前田流传后继生员收管，以延门祚之盛，不许白丁侵夺以致妨儒业。敢有不肖侵夺，坐以故违祖命死罪。亦不许各房称以房分为名擅自割分，亦不许各房将无志子孙滥摄送入学，贪图田地肥己私囊。务必子孙在外考过，文理颇通可送教养者，入学收管前田。亦不许生员擅自典卖变乱成规，及尚蒙祖宗阴德幸天地庇佑，子孙在学众多者，前田照分收管。……此皆老夫遗命。不许故遗各房子孙。或有出身仕官得沾朝廷厚惠，计其禄之崇卑，各要捐俸资银一百两添置儒田业，益增蒸尝，及养成贤二项。庶乎门祚虽未过人，亦可以及人也。"[①] 由此可见，吴常镇用于生员儒资共计有九百一十余秤，约占其总田税的1/6。

不仅如此，《澹庵公太遗嘱》提出"子孙只以耕读为尚"，还特别强调"不必求取县吏、府吏、按察布政二司等吏役"，甚至认为吏役"损坏阴骘，遗恨九泉"，并

---

① 该《遗嘱》由永定第一中学原校长吴兆宏先生提供。

上升到"老夫在生存眼力曾见做吏之人终无结果也,倘有不遵者坐以死罪"。换言之,可以读书做官出仕,但不能为吏役,亦可见客家社会独特的价值观。

无独有偶,永定县《求可堂家训》亦体现了类似的价值观:

一、读书。生员、监贡、举人、进士,鼎甲为之,即作幕教读,亦不失为斯文,故为第一。杂职出仕亦在读书之列,武职亦在出仕之列,然读书尤以立品为先。

二、业医。良医功并良相,有大医院之设,故为第二。

三、地理选择。地灵人杰,有好地,必有好子孙,是以地理重焉,选择亦风水之助,必并及之。然学为己,非以为人,故列三。

四、商贾。生意为求财之路,财为养命之源。行货曰商,居货曰贾,皆所以为财也。礼义生于富足,财亦安可少哉!故为第四。

五、耕田。耕田为最苦之业,然能力农使丰衣足食,则即可为读书商贾之地也。故四民以农为次,良有深意焉。与其浮夸,毋宁务实,故为第五。

星卜为下,其余手艺即为餬口而已,然百姓百条路,肯学亦可。至于打铁一艺,则余所深恶焉,

第二章 祖训家规的内容

尤不愿我子孙有学此者。

戒使性，戒赌博，戒贪酒，戒游手。要勤俭，要谦恭，要慎言，要和气。慎交游，慎起居，慎闺门，慎祭祀。此四戒四要四慎，乃人生立身行己、持家善世之务。凡我子孙，须一一恪遵。凡我子孙，毋忽毋遗。至于量大，尤为难学，然必福大之人，方能量大也。①

武平县《王氏继宗公宗系族规八则》曰："职业宜慎为审择，士、农、工、商各有正当之职守，孟子所谓：择术不可不慎也。倘侥幸希冀，谬以赌博、窃盗、娼妓、隶卒等业较易于谋衣食，腼然为之而不辞，是外对于社会为无赖游民，即上对于祖宗不肖子孙，族人有一如此即为无耻之徒，应即声罪切责，革逐出族，以免玷辱先人。"②

武平县《曾氏族规》云："隆作养。考旧谱，先代人文蔚兴，簪缨累世，视今则不如古也。嗣后凡我宗盟读书者宜延大方举业，即蒙童初学亦读明师训解字义，方易通晓。为父兄者，宜择身师；为子弟者，自当发奋。但欲鼓励后学，必须置学田，以助读书之费，使贫苦之士亦得奋志潜修。如是家读户诵，文风日盛，得志则荣

---

① 廖冀亨：《求可堂家训》，清光绪九年（1883）永定廖氏刻本。
② 中国人民政治协商会议福建省武平县委员会文史与学习宣传委员会：《武平文史资料》第24辑，2015，第7页。

及一乡，宠光一族，先朝人文之盛，何难复见于今乎?"①

（三）崇尚礼仪，尊老敬贤

礼仪既是一种规范，也是一种秩序。对此，闽西客家村落的祖训家规颇多注重。《王氏继宗公宗系族规八则》曰："礼义廉耻为人生持躬涉世之要素，管子所谓：国之四维也。以广义言之，则四维不张，国乃灭亡。以狭义言之，则四维不张，家必破败。故族人宜夙夜兢兢，共相惕励，以为亢宗之子孙。倘有越礼非义、寡廉鲜耻者，此等败类之辈，先人在九泉之下，必深恶而痛绝之，自应革出族丁，以示惩创，俟其悔过迁善后，再准归族。"②

《宁化县石壁镇张氏族规》曰："要尊贤尚齿，年高为父兄之齿，贤才为族中之望。凡年登七十者，每祭免出分资，所以优之也。有功于族者，春秋祭祀给胙，以报其功，示不忘也。至于经理尝务及赞礼执事，当择公正娴礼者司之，祭亦概免出资，以酬劳也。"③

武平《蓝氏祖训家规》："礼仪者，所以维持人心，主张世道。华夷之分，凡希之别，正在此也。故《相鼠》

---

① 中国人民政治协商会议福建省武平县委员会文史与学习宣传委员会：《武平文史资料》第24辑，2015，第51页。
② 中国人民政治协商会议福建省武平县委员会文史与学习宣传委员会：《武平文史资料》第24辑，2015，第7页。
③ 中共福建省委文明办、福建省地方志编纂委员会、福建省妇女联合会编译《福建家训》，海峡文艺出版社，2014，第229页。

第二章 祖训家规的内容

之诗曰：'人而无仪，不死何为？'又曰：'人而无礼，胡不遄死'，其刺严矣。本家在前时，亦号称礼仪，相先人之族。今去古日远，风俗日漓，若童蒙愚劣之小辈，到长若随之性而失之教育，一旦更之间间乎？此真似循墙之刺手者，不亦难乎。嗣后为长者，必先尊严正大于上。盖不特祭祀、宴饮及迎宾客，衣冠必须整肃，虽群居终日，言无不及义，而动无不中礼。然后，目濡耳染，渐磨成就，而济济郁郁之风行矣"；"名分者，纲常伦理之所攸系人心者也。孔子曰：'为政必先正名'，良有自矣。盖凡一家，在父族则有祖父母，及父母伯叔兄弟子侄之类。在母族则有外祖父母，诸舅姊嫂娣妹之类。要皆一脉至亲，称讳呼号，各有定名。而拜跪坐立，亦各有定分。宣之于口，盖不可使有赧词，而措之行动亦不可致僭越。齿在尊者则以尊者称之，行居卑者则以卑称之。序昭穆为坐之，不以年之老少为先后，其敢有紊乱伦序、牵名倒字、僭行偶坐者，必须当众责罚。亦有己为行长不自尊大，甘心卑屈退让自作伪谦者，罚亦如之。"①

武平县《曾氏族规》亦云："严世派。世派以定世次而后昭穆不紊。即散处异地者，变知某伯叔、某其孙侄，使尊卑上下秩焉有序也。按我武城曾氏新旧派语共

---

① （不署撰著人）《蓝氏族谱》，原载明万历四十二年甲寅（1614），笔者在武平县大禾乡源头村田野调查时，录自当地村民的手抄本，个别地方疑有出入。

朝夕勿忘亲令语：闽西客家的祖训家规

五十字：希言公彦承，宏闻贞尚衍，兴毓传纪广，昭宪庆繁祥，令德维垂佑，钦绍念显扬，建道敦安定，懋修肇麟常，裕文焕景瑞，永锡世绪昌"。①

由于时代的局限，闽西客家的祖训家规中，也包含不少负面的因素，如风水观念、男尊女卑的观念弥漫其中。

先看风水观念。武平县源头村《景常公太遗训》规定："后龙山及水口栽种之树木，原为保障乡村以壮观瞻，不得任意剪伐"；"蓄养后龙及管辖松杉竹木，不得任意盗砍或放火焚烧致减生产"。②《景常公太遗训》总共十条，就有两条涉及后龙山的保护与管理，其关注程度可想而知。

不仅如此，闽西武北祠堂、厅堂的建筑还十分讲究极细致的风水座向分金。不少《族谱》都对祠堂、厅堂和坟墓的风水座向分金有详细的记载，并训诫后人不得轻易改，如江坑《蓝氏族谱》"江坑乡祠堂记"载："祖祠名种玉堂，壬山丙向兼亥巳，丁亥丁巳分金，相传自宗稳公开基口至口廷桂公十九岁时，用金先生建造，传至道光元年辛□□□□□□壹百一十八年四月内十三日，回烛为灾，于道光□□□□□□，从新建造，式仍其旧，选择十月廿五日庚□□时起屋，上栋梁

---

① 中国人民政治协商会议福建省武平县委员会文史与学习宣传委员会：《武平文史资料》第24辑，2015，第50~51页。
② 蓝养明等编修《源头蓝氏族谱》，1987年蜡刻本，第14页。

十二月初二丙申时，禄升座龛，即日登牌竖柱石，大振家声，光耀门闾，又自此始矣，爰将祠式高狭记之于簿，以遗后人焉。"①

《湘湖村镟公祠》记载："其坐向巽山乾向，庚辰庚戌分金放水，由癸转庚乾上出口。……其照墙背横过一带的小屋，当用祖蒸买矮，其高七尺七寸。后有造作不得越高以压祖室，举其纲目炳如日星，后有兴造允当世执其功，毋悖祖制，至若随时禁戒者，其前后坪基，左右沟洫、檐路委系祖蒸买出，永作众人公有，毋或造豚栅立鸡栖、筑浴所、磊新木、垒土石侵僭以便己私，且凡造立私室，尤万众公罚，谢祖示众。"②

离镟公祠不远的玉泉公祠堂，《湘湖刘氏族谱》"附记中乡村屋图"中云："原向池姓买来，故号曰池屋，居村之中又曰中乡村，此所谓建安宅也，而即为玉泉公之祠宇焉，其祠巽山乾向……周围皆有土墙，内外亦有余坪，悉属祠内基址，凡此附记之，以垂久远。"③

宁化县湖村镇黎坊村《黎氏族规》曰："后龙水口，原蓄古荫，不许入山盗砍。如有犯者，阖族公议处罚，决不轻宥。"④

---

① 蓝联元:《江坑蓝氏族谱》"江坑乡祠堂记"，清道光三十年（1904）手抄本，第192页。
② 刘成崇等编修:《湘湖刘氏族谱》，清光绪三年（1877）刻本，第18~19页。
③ 刘成崇等编修《湘湖刘氏族谱》，清光绪三年（1877）刻本，第50页。
④ 中共福建省委宣传部、中共福建省委文明办、福建省地方志编纂委员会、福建省文化厅:《福建乡规民约》，海峡文艺出版社，2016，第258页。

朝夕勿忘亲令语：闽西客家的祖训家规

这种通过家训、祠规、族规来保证与实施风水观念的做法，在闽西客家的祖训家规中不乏其例。甚至在《诏邑游氏族谱》中，可以看到将风水师训当作祖训。因资料宝贵，故全文照录如下：

廖师云

龙潭祖祠，秀篆超等之基，我藏之久矣，以待有德。予在篆山经览数载，常询于人言，千户游公有大德，愚徒弟二十余人，按步至家，游三日宿三夜，探其言行听他夫妻，果有大德，与人相肖，遂送与千户游公。谋则得之，又遇天禄凑合，即有吉果，于是阡穴兴工，建至年暮将完。予蒙皇恩召为国师，揣分奚甚，将起程时，忖思恐不能回来，日后游家子孙，或听时师改易，有负予一片婆心。时值仓卒，未暇言评其细，故直书几句以嘱后人，曰：美哉斯祠！上厅中宫，坐乾向巽，庚戌庚辰分金；右片外门楼，坐坤向艮，丁未丁丑分金，乃是格龙配合阴阳立向，内水涵蓄屈曲，切不可易。其屋高低阔狭，再不必移。至左右辅屋，天池中，各架凉亭，作法通气，日切不可砌塞，致气不通，必出狂人，尤须谨记。花胎阔狭，寸尺莫移。屋盖或坏，随坏随修，切不可重新再造，既不改分金，恐假伪罗经，有差错空亡之弊。总之，惟期堂奥、墙基、花台、沟路定式，万世莫移。再嘱龙背两片窠肋，创作池塘，以养龙局，使龙非干龙，富贵绵远。祠形系帐内将军大坐，又似美女怀胎，左片设一水圳，凿涧丛水，当作琴瑟之音，五十年后子孙大盛。予嘱右片下砂手尾，多作层楼，送水居之可以获福，其余左片门楼外，不可架造房屋，闭塞峰峦秀水，致害文人。溪背左楼之后，是劫曜之方，不可架造房屋，若多架造，名为退神送水砂，立见凶败。不可以其远而忽之，前面水直，予多作砂冈大畴屈曲制之，日后不可开田掘毁，窜名为退田笔，奚啻破财，不可以其小而薮之。若不听师言，灾害并至，凶事如麻。能听吾言，百四十五年后，每纪必发有两科甲之人，官至府道。

阡穴地师三僚人姓廖名弼字梅林　谨志

廖氏山人断祠砂略短，三十年后有人赠作之手。溪水直稍，三四十年后有人高筑层楼制之。又长房生有一终身不可字之女，又恐火灾，须防之。此时人文将盛，财谷暂丰，右片甘泉必竭，犹有种种美事，笔不尽言，略断数言以为验。桐宇作法，地师叮嘱言之详矣。正所谓游夏不能赞一词，开基之祖毋庸多语，惟二句：子孙志之肯听师言者，祖荫护之；不听师言者，祖□训之。

朝夕勿忘亲令语：闽西客家的祖训家规

祖依地师言再嘱。①

与此类似，男尊女卑的观念也充斥其间。如《宁化县翠江镇巫氏家规》云："谨闺门，闺门为帝王起化之地，一有不谨，则长舌之厉，冶容诲之淫，防闲不可以不早也。防闲无他，操井臼，勤纺绩，即当无事。但令静处闺阃，不得招呼妯娌们，笑语戏谑。尤当分别男女，非特外人不与交谈，即弟侄辈，亦不可聚处偶语，此闺范之大概也。至于寺观之地，演戏之场，尤当绝迹。若有犯此，除归咎夫男外，仍将该妇唤至宗祠，聚伯叔父母等，质诸祖宗之灵，公众惩戒。"②

武平县《蓝氏家规》载："妇人者，服于人心者也。无专制之义，有'三从之道'。大凡家忤逆不和，多因此辈异姓相聚，搬长斗短，有以致之。《易》谓：家人睽，必起于妇人。故睽睽家人，牝鸡司晨，为家之索。古之人重以垂戒也。本家族敢有阴惑妇人言语，致伤大义者，族众共攻治之"；"奸情者，世间灭伦伤化、丧德坏行，不顾玷辱之所为也。或至戚，或缌麻，或宗族，或异姓，亦皆纲常伦理所关，风俗所系。'四知'之念，岂可忽

---

① 邓文金、郑镛主编《台湾族谱汇编》，上海古籍出版社，2016，第70册，第144~146页。
② 中共福建省委文明办、福建省地方志编纂委员会、福建省妇女联合会编译《福建家训》，海峡文艺出版社，2014，第218页。

第二章 祖训家规的内容

乎！盖古之戒曰：男子由外，女子由内，男女别途。一切戏游必须禁绝。本宗世传清白，凡为家长者务宜严训子孙，谨守礼法，不可至于此矣。恐玷辱门风，稍若败露，通众必须擒获送官，以儆将来"。①

---

① （不署撰著人）《蓝氏族谱》，原载明万历四十二年甲寅（1614），笔者在武平县大禾乡源头村田野调查时，录自当地村民的手抄本，个别地方疑有出入。

第三章　祖训家规的宣传方式

祖训家规作为一种制度安排,需要深入村落族众内心深处,那么,闽西客家村落又如何贯彻落实的呢?归纳起来,有如下几种方式。

一　书之族谱　镌刻碑铭

前述祖训家规大都郑重地书之族谱,笔者在闽西客家村落搜集和翻阅族谱的过程中,发现族谱往往由四部分内容组成:一是宗族的世系;二是祖训家规;三是祠堂、坟墓、族产的位置范围;四是宗族的历史。由此可见,祖训家规是族谱编纂的重要内容之一,是宗族的行为规范。有的宗族甚至还将之镌刻在石碑上,更利于村落族众常读常记。如武平县帽村方氏光裕祠"祠规"十四条,不仅书之族谱,还镌刻在祠堂左右两边厢房的墙面边碑上(见图7)。

第三章　祖训家规的宣传方式

图7　武平县帽村方氏光裕祠

左墙石刻（见图8）：

　　上厅除吉凶两事，永不许人私放杂物、食饭、牵布、打线、喧哗等项。
　　两廊公共之所，闲日只许放几桌食饭，永不许私放高大物件，两房倘有吉凶，立即拿开，任凭吉凶之家办事。
　　天池及左右詹弦并腹，永不许洗浴、洗衫、放鸡鸭等件。
　　正栋左右间房及厅堂，永不许作灶、安仓、风车、笼罐、摩石、鲁箕、灰草等项。
　　两边煞巷及内围坪，永不许放鲁箕、柴草，照墙永不许晒衫。

图8 武平县帽村方氏光裕祠左墙碑

塘池及两边池弦，永不许架葡棚。
左右屋前屋后，永不许再搭被晒。

右墙石刻（见图9）：

正栋并左右横屋地基俱属祠内二房公屋，不分地，每植纳地租早谷三升。
正栋近身煞巷包横屋檐共一丈二尺。
右横屋一摆背后，抽出沟路五尺。
主横屋两摆中抽煞巷一丈，包檐路在内。
左右横屋前出檐后飘砖。
左右横屋首三植一丈四尺八寸高，以下蹶落鳌

第三章 祖训家规的宣传方式

用来，不许加高。

左右煞路通用出入，永不许安借棚、鸡栖、浴槽。

左右墙石共立规禁壹拾四条，如有恃强不遵者，逐出祠外。①

图 9 武平县帽村方氏光裕祠右墙碑

这些祠规不仅规定了该祠堂的用途、日常管理等事项，而且祠堂的尺寸、范围、结构等也一一详载。

笔者在武平县十方镇黎畲萧氏崇德堂调查时，也发现了同样的现象，该祠亦镌刻了当地的萧氏族规（见图10）：

---

① 杨彦杰：《闽西客家宗族社会研究》，国际客家学会、海外华人研究社、法国远东学院，1996，第95~96页。

朝夕勿忘亲令语：闽西客家的祖训家规

各条目碑

尝思纲领有三，条目有八，治国固然，治家亦然。溯始祖显闻公由吉安徙丰田建祠，后舍为白莲寺，迁黎建祠宇，创垂规模延至五世。至十四世，我父普也丁卯登贤书，缵□先祖之绪，相与董事，设祭田、立儒资，置赡可行。至辛卯勒石于祠，但纲领虽备，而节目未详，贤者固守□祖制，愚者或侵前规，不又失创业者之心哉。今合族复议，将祠坟、祭田、儒资、赡下各条目，再行勒石，使世世子孙毋更云尔。

议每年清明日祭祠，拨田壹百捌十五秤零伍升正。祭毕颁胙，族长猪胙十斤、羊胙贰斤；房长五斤；普也创业十斤、赠尝十斤；斯九赠尝五斤；主祭礼生三人各猪、羊胙壹、贰斤；寿胙六十壹斤、加十岁再加壹斤、百岁十斤；绅胙秀、廪各七斤，监生各八斤，贡生各九斤，科甲各十斤，翰林龙衔各十贰斤。其余猪肉照丁均发，赠尝银十两者永颁胙一斤，至百两者永颁胙十斤。一为赠尝之胙，一为后世儒资。

议清明第二日冷洋祭二世祖万一郎考妣、三世祖文一郎考妣、四世祖顺宗考妣、二世叔祖万二郎、三世叔祖妣钟氏、四世叔祖显宗等坟，共拨田五十秤正到坟发肉。

议清明第三日丰田白莲寺祭始祖神主及始祖考

第三章　祖训家规的宣传方式

妣坟、二世叔祖万二郎、萧满姑坟、三世叔文二郎、文三郎，第四日祭三世叔祖文五郎、二世叔祖妣饶氏、四世叔祖妣姜氏，共拨田七秤到坟发肉。

议儒资文武新进生员各专收一年，补廪谷专收一年，恩拔副岁谷专收二年，科甲翰林侍衔各专收三年，如有空年租谷现在秀监贡均，□□□戊戌科进士蕃露记。

议赡田悉照前碑旧例丰贮歉发照男丁均给。

雍正四年岁次丙午季冬月嗣孙和律、锡任、汉文、斌生、步昌、友文合族立①

图 10　武平县十方镇黎畲萧氏崇德堂族规碑刻

---

① 此碑至今仍立于黎畲萧氏崇德堂，字迹清晰可辨。

朝夕勿忘亲令语：闽西客家的祖训家规

不仅如此，闽西客家村落的祖训家规还以楹联形式镌刻、张贴在门楼、大门及厅堂墙上。如笔者在永定县田野调查时，就发现振成楼里镌刻了20多副楹联，例如："振纲立纪，成德达材""能不为息患挫志，自不为安乐肆志""在官无傥来一金，居家无浪费一金""干国家事，读圣贤书""振作那有闲时，少时壮时老年时，时时努力；成名原非易事，家事国事天下事，事事要关心""从来人品恭能寿，自古文章正乃奇""言法行则，福果善根""振乃家声，好就孝悌一边做去；成些事业，端从勤俭二字得来""春特托风生兰知领来，静无人至竹亦欣然""带经耕绿野，爱竹啸名园"，等等。长汀县严婆田村林姓香火堂大门有联曰："闽越家教当自派，安忠文德孰为承""九龙齐腾飞威武振中华，十德添异彩忠孝传千秋""九龙竞秀遥承向礼宗风，双桂争荣远绍称仁世泽"，等等。[①] 这些楹联确立了当地宗族为人处世的规范，树起了自我修养的标杆，让后代子孙从呱呱坠地起，就接受家训文化的熏染。

二 口耳相传　宴席朗诵

武平县大禾源头村《景常公太遗训》除书于《蓝氏

[①] 汀州严婆田村林氏族谱编撰委员会编《严婆田林氏族谱》，2002，第258页。

第三章 祖训家规的宣传方式

族谱》外,还明确规定:"每岁清明宜录一通,宴会之日命一达士朗诵或可知闻而知戒之。"[①] 其祖训家规亦"右祖训,俱用浅近俗语,俾易通晓故耳!每岁清明,宜录一通,宴会之后,命一达士朗诵,或可以闻而知戒矣!"[②] 上杭县《张氏续修房谱》云:"已(以)上家训凡家中每岁行祭之后,尊长绅耆命本家读书明顺者务要逐一宣讲明白,谆谆训诲,切不可视为嬉戏,而各户家长统集子孙肃候静听,时时遵行。毋得任其子弟浇薄成性,鬼蜮害人,放僻邪侈,嫖赌肆志,游闲飘荡,不务正业,逞凶横行,好勇斗狠,生风滋事,拦途劫掳,甚且奸淫窃盗,乱伦灭纪。种种不法,上玷祖宗下辱门庭,以得罪于州里乡党,以累及于众。族尊长者亲房人等切不可优柔容忍,务要擒拿,经族究处,如亲房人等应不秉公执法,反有把持助恶情弊,则与犯者同处不贷,合族慎之可不勉矣。"[③] 均是客家村落祖训家规传播的典型,其主旨是要为宗族的日常生产、生活秩序确立一个严格的标准。通过一年一度的朗读祖训家规,村民族众一次又一次地接受宗法思想、伦理道德和纲常名教的洗礼。如此潜移默化,使伦理思想和宗法家规观念深入人心,其中的思想观念也成为村民族众日常行为和言论的准则。

[①] 蓝养明等编修《源头蓝氏族谱》,1987年蜡刻本,第14页。
[②] (不署撰著人)《蓝氏族谱》,原载明万历四十二年甲寅(1614),笔者在武平县大禾乡源头村田野调查时,录自当地村民的手抄本,个别地方疑有出入。
[③] 上杭《张氏续修房谱》,清同治元年(1862)焕公房编订。

这种教化与惩罚并重的祖训家规在客家社会生活中发挥了极为重要的作用。

三 临别赠言 临终嘱咐

生离死别是人生最为难忘、记忆最为深刻的时间节点，不少祖训家规就诞生于这样重要的场合，往往让人终生难忘。前述刘、黄两姓的临别赠言《开基诗》是一例，永定县明代田心吴氏上祖《澹庵公太遗嘱》又是一例。《永平帽村方氏十三世祖定生公遗训》更是典型的一例，文曰：

予为不肖之人也，予又何言哉。先君元臣，讳廷贺，癸巳生，河南郡十二世嗣孙也。年五十有五，卒于丁亥年十一月初一日。配妣李孺人名申姑，丙申生，亭头李公淑阳之女也，年五十有二，同卒于丁亥年十一月十二日。先君年三十四乃生予一人。伶仃弱质，幼时多病，忆先君年二十七贸易吴楚，栉风沐雨，予母家居，拮据万状，不藉前人之资，创业巨万。予幼颇芸窗，不谙世务，二十有二双亲见违，身孤苦，形影相吊。逮二十有四，继娶湘坑湖刘公能甫之女名莲芳，甲戌生，此时芳年才十六而归予。奈时值鼎革，天灾流行，人多疫疠，田

第三章 祖训家规的宣传方式

园荒芜。广寇窃发,蹂躏乡村,房屋煨烬,满眼尽是蓬蒿。土棍乘囊结党横行,背租背债,门外俱成荆棘。然此属外患,犹可言也。且骨肉秦越避居他乡,茕茕首鼠,难以备举。内外交攻,痛哉!予夫妇苦极矣,曷可胜道哉!以致先人之业,废弃将半。迄二十有六,身叨黉序,夫妇始归宁家。芳生八子,抚字劬劳,凤夜儆予,曰:先人遗业已腴,毋贻前人羞。予泣曰:唯唯,虽面不识舅姑,遇祭祀诞期,必敬必洁,勤俭自持,艰辛自甘,前人之业得复者亦半。嗟呼!创业予前者,先严先慈也。复业于后者,室人与有力焉!予诚为不肖之人也,予又何言哉!冀复前业,始为分居,幸室人五十有二,厌凡辞世。蒙邑主杨学师、郑林防将、李武所防将、李捕主金俱亲身赐吊,亦少慰室人于九泉矣!无始前人之业,尚缺千余,予年老矣!异日仓卒之变,乱命难遵,不得已将现在之产,抽肆百秤以供先严慈,每年春秋祭祀之资。又抽肆百秤以为予夫妇日后祭扫之资。世世子孙恪守成规,毋得忤逆。予命毁失尝业,自贻不孝之罪。余所存业俱均品搭八股阄分。哀哉!我生不辰,所以终为不孝之人也。予又何言哉!而复谆谆言之者何,所以识前人之功业不敢忘耳!至于先君之好施于行善,载在县志云:"朴厚少文,性喜行善,尝捐资修路,煮粥济饥,而教子式谷，春振家声，彰彰可考也。予又何赘焉！之后人为予谅之，毋予咎焉。幸甚！"康熙叁拾肆年岁次乙亥五月十九日七十叟方醒作泣书。①

如前所述，永定吴氏《澹庵公太遗嘱》记述了吴常镇的发家史、处世信条和巨额家产的分配，以及对后代子孙的训诫。与此类似，武平帽村方氏《定生公遗训》也在历数家史、艰苦创业史之后，细分现有家产，对后代子孙进行训示。

此外，永定县的土楼人家，每月的初一、十五都会对青少年进行伦理道德和奉公守法的教育。借此机会，房长、族长们开展一次又一次的祖训、家规教育。

---

① 中国人民政治协商会议福建省武平县委员会文史与学习宣传委员会：《武平文史资料》第24辑，2015，第4~5页。

第四章　祖训家规的社会功能

形式多样、内容丰富的祖训家规是宗族制度化的产物，也是祖先崇拜的一种特异形式。成功的祖先及宗族精英往往成为村落族众的偶像，其言行也常常被奉为经典般地信仰。而族众对其遗训、遗言以及与其相关的族规、家规保持足够的敬畏，使其在村落宗族运行和社会生活中发挥了极为重要的功能。

一　村落族众的规矩　乡民生活的守则

笔者在武平县大禾乡源头村田野调查时，曾发现该村蓝姓有《景常公太遗训》共计十条：

> 余溯我祖青公太，初由江右移居广东胶州，再移闽杭回龙，披星戴月，居无所定，后携诸子寻居此地名曰源头开基。父作子述，创置田园屋宇，大辟山岗，惟恐后裔不正，难守斯土，爰立遗训十条，

朝夕勿忘亲令语：闽西客家的祖训家规

以为后嗣之遵守焉。

1. 遵守王法当知国课早完。

2. 毋得互相欺凌，以大压小，各宜安分业，永维亲爱。

3. 当知去邪归正，不准开场聚赌，结党抢劫或闲不务业。

4. 凡上祖续置境内山岗，现有异乡异姓坟墓应准永远安葬，不得添金换骨，加开墓位，以免侵森林，已买入坟山屋基亦不准卖出异乡。

5. 不准畜养羊鸭伤害农产，亦不准结党成群盗牵耕牛，并盗割田禾，改挖薯姜芋菜。

6. 嗣裔等当思创业维艰，守成不易，抽有祭扫尝产当公平出入，不得私行吞食或典卖。

7. 后龙山及水口栽种之树木，原为保障乡村以壮观瞻，不得任意剪伐。

8. 蓄养后龙及管辖松杉竹木，不得任意盗砍或放火焚烧致减生产（此条所述之管松杉竹木系指青公嗣裔所有山岗而言之）。

9. 每值祭祀之日，为首人应于祖祠右侧内念五公地坟，直上左侧田寨园里，直上铲至后龙山东顶上二相交界之处，以防火烧。

10. 以上遗训凡我嗣裔务宜严格遵守，如有故违永不昌盛，谨嘱。

第四章 祖训家规的社会功能

武平县大禾乡大磜村磜迳自然村高氏的族规亦有六条：

1. 宗族以和睦为主，拟择各房公正练达者数人以为族中长老，倘有两家争兢之端，只许报知长老向前平心公断，不得依势恃强故违公论，不许具席投人，亦不许生端具控，违者长老秉公出首与究。

2. 本族两家有事不许用刀铳及一切金器等物，违者公处重罚。

3. 败坏风俗莫如赌博、鸦片，本乡不得开头聚赌，亦不得开馆卖烟，致少年子弟染以数次累及终身，违者公处重罚。

4. 本族有事或因挟嫌心生故害，遂将其隐机密泄于人，此等丧尽良心之孽子，绝不顾宗族情谊，一经察出通公共斥。又有两面阿附，从中唆弄，致生讼端者，察出同究。

5. 本姓中有计图瞒粮，将己户田米密挥他户者，察出众究。

6. 本祖宗地坟及尝田、山业、祠宇等项，倘有蓄谋侵占为己害公者通公共处。[①]

这些《遗训》与《族规》对守法纳税、族众关系、

---

① （不署撰著人）《福江高氏族谱》，清光绪四年（1878）重修。

坟山屋基、农业生产、山林管理、日常行为等事项作了相当严格和十分具体的规定，因而成为村落族众的规矩和乡民生活的守则。在田野调查中，笔者发现《景常公太遗训》对源头蓝氏宗族的影响是至深且巨的。这些遗训，源头村的一些老人至今还能背诵，并且在一些日常事务中仍然发挥着重要的作用。历史上，源头村处理与邻村的关系时，就常常秉承这一遗训，如民国时期源头村与贡厦村的械斗，就是《景常公太遗训》第四条"境内山岗现有异乡异姓坟墓……不得添金换骨，加开墓穴"所引发的。显然，祖训与族规既是宗族管理制度化的表现，又在宗族社会运行中发挥了重要的调控作用。

二 宗族治理的体系 家国互动的载体

中国传统的国家权力通常只到达县一级的行政单位，对县以下的乡村往往鞭长莫及，所谓"皇权不下乡"。国家意志则通过乡绅等宗族精英制定的祖训家规、乡规民约等渗透到民间，从而实现从宏观上控制民间社会，使村落社会控制也成为准国家运作的组成部分。

举例言之。在闽西武北村落居民面前，士绅是国家权力的代言人，如协助执行官府的禁令。现存梁山村禅隆寺，刻于清雍正年间的《奉宪永禁供应木料等项碑记》

第四章 祖训家规的社会功能

的落款,就有大量"生监"的署名。由于士绅在村落事务和文化上的领袖地位,他们在维护官方所倡导的价值观念方面,也不遗余力。举凡武北村落社会中的乡规民约、祖训家规、祠规,以及碑记、碑文无不出自士绅之手,也无不打上他们思想的烙印。如磜迳高氏的《家训》《族规》为廪生二十一世高攀所撰,源头蓝氏的《祖训家规》为士绅蓝卓明转抄,帽村方氏的《祠规》出自十三庠生方跃予之手,《重修云霄古寨缘引》为廪生梁耀南所书。因此,这些家规、族规、祠规中处处弥漫着浓厚的儒家伦理和维护国家统治秩序的气息,如磜迳高氏共有《家训》六条,第一条就是"供赋税"[1];源头蓝氏的《祖训家规》共有十九条,其中与儒家伦理相关的就有第二、三、四、五、七等五条,与赋役编民有关的则有第十七条。[2]

除了武北的例子,闽西客家培田村祖训、家法、族规的构建也是一个典型。笔者在连城县宣和乡培田村田野调查时发现,培田吴氏于清乾隆五十二年(1787)首次制定了《家训十六则》并将之刊于当年木刻本的《吴氏族谱》卷首:

---

[1] 刘大可:《闽西武北的村落文化》,国际客家学会、海外华人资料研究中心、法国远东学院,2002,第268~269页。
[2] 刘大可:《论传统客家村落的纷争处理程序》,《民族研究》2003年第6期,第56页。

朝夕勿忘亲令语：闽西客家的祖训家规

家训十六则

家之有训，所以昭示来兹，为子孙法守也。书曰：聪听祖考之彝训。诗曰：不愆不忘，率由旧章。愿我世世子孙守之毋忽。

敬祖宗

维桑与梓，必恭敬止。矧乃祖宗，人所托始。

孝父母

父兮母兮，恩深靡底。椎牛祭墓，何如负米。
毋贻亲忧，毋辱亲体。大孝小孝，备载于礼。

和兄弟

戚戚兄弟，本之一人。如手如足，非越与秦。
有侮宜御，有财宜均。克笃天显，式用顺亲。

序长幼

父事兄事，各视其年。随性雁行，毋与比肩。
凡属卑幼，各宜勉旃。以少凌长，维德之愆。

别男女

男女别途，授受不亲。别嫌明微，风化乃淳。
嘱尔家室，各宜自珍。桑中溱洧，贻诮风人。

睦宗族

惇叙九族，古有明训。一本之亲，无分远近。
相侃相赒，释争解忿。岂若涂人，肥瘠不问。

谨婚姻

婚姻之礼，万化之原。家道攸系，胚胎子孙。

彼昏不知，财利是论。子言弗信，盍视姜嫄。
慎丧葬
亲丧自尽，事莫大焉。比其葬也，慎择于先。
无使土亲，当令骸全。一朝失措，永贻后怨。
勉读书
士为民首，读书最高。希贤希圣，作国俊髦。
扬名显亲，宠受恩褒。各宜努力，毋惮勤劳。
勤生业
民生在勤，勤则不匮。里布失征，游民是出。
农工商贾，勉励乃事。酒食游戏，终亦自累。
崇节俭
制节谨度，满而不溢。慎乃俭德，家国理一。
一念骄奢，遂生淫佚。转眼空虚，言之可慄。
戒淫行
淫为恶首，厥罪弥天。况兹同族，一本相联。
渎伦灭理，人面兽羶。削系送官，法不其延。
戒匪僻
盗窃赌博，无赖之尤。辱人贱行，隶卒娼优。
家世清白，恶居下流。敢或蹈此，屏逐不收。
戒刻薄
积善余庆，积恶余殃。天命不僭，隐有主张。
忠厚传世，久而弥昌。从事刻薄，立见灭亡。

朝夕勿忘亲令语：闽西客家的祖训家规

戒贪饕
贫穷有命，富贵在天。莫为莫致，听其自然。
一萌贪念，遂丛众怨。败廉丧耻，罔或不颠。

戒争讼
民之失德，乾餱以愆。一朝之忿，永世祸联。
强弱胜负，不能独全。各笃宗盟，幸勿相煎。

至光绪三十二年（1906）培田吴氏在第六次修族谱时，在卷首家训之后又增加了家法、族规：

家法十条

前辈立《家训十六则》详且备矣，今增《家法十条》，诚恐训之不从必继之以法。顾立训使遵，立法使人畏。愿后嗣其恪遵前训而无劳用法焉，则甚慰也。

孝悌宜敦也。如有逆亲犯长者，通知房长族绅严行惩罚。若仍怙恶不悛，金呈究办，决不宽宥。

勤俭宜崇也。如有不读不耕、不务正业、徒事酗酒嬉戏者，凡属伯叔兄长务宜严训重责，毋得姑息。

伦常宜肃也。如有犯奸淫众著者，通知房长族绅从严惩治，男逐女出。服内通奸确获者，金呈照例科办，毋得纵庇。

廉耻宜励也。如有肆行盗窃确有证据者,通知房长族绅照盗物轻重处罚。倘敢抗违,轻则驱逐出境,重则捆送呈官。

忠厚宜尚也。如有以强欺弱,以众凌寡者,凡属伯叔兄长务宜极弹压,毋得置身事外。

品行宜端也。如有赌博鸦片,务宜父戒其子,兄戒其弟,毋蹈此弊。而开庄聚赌尤宜禁止处罚,倘敢抗违,呈官究治。

礼义宜明也。如有结党为匪者,务必通众捆送呈官究办。纵容包庇者,一体严究。

争竞宜平也。如有小而雀角,大而械斗者,凡属尊长务宜公是公非,照公处息,毋得坐视。

刑罚宜公也。如有逞凶毙命重案,务宜通众将正凶送官究办,不得任其遁逃,以累他人。

身家宜清也。如有甘为娼优隶卒者,务必通众出逐,永不许登坟入祠。

族规十则

家训、家法之后,再立《族规十则》,俾后人永远遵行,庶风纯俗美可称仁里也欤。

祖堂所以妥先灵而庇后裔也。住持者务宜灯火长明,茶香奉祀,厅廊坪宇,洒扫洁将,各房间不准堆积柴秆粪草等物。违者重搬出,另招人居住。

图谱所以考世系而知终也。递年四房流存,锁匙则别房收执。旧例典大丘田者存图箱，务宜香灯齐倒昭诚敬，贴油灯边一元。倘有散失亵渎，惟领存人是问。

图银所以权子母而资修刻也。此项公款视他项尤关紧要。理事者择殷实公正，以便生放。借银者务要真实田契为押。三年一换，递年结数一次。至交盘之年，将出入数目榜示衢，必无侵蚀之弊，新董始可接盘，否则加倍处罚。

后龙水口所以蓄树木而卫风水也。住祖堂者务宜逐日鸣锣中禁。如有盗斫生柴枯树、挖枫仁、划松光者，宜即通知董理协同绅耆严行重罚。割蓝箕者一体议罚。

前朝屏山所以拱祖堂而壮观瞻也。不准擅划土粪，违者重罚。后龙山同此例。

路内圳水所以护祖堂而便汲饮也。务宜长流清洁，毋得投以秽物等件，违者处罚。

冠婚所以荣宗族而继宗祧。众上贴项原以资公用，非以供宴客。进泮登科第谒祖请宴，随东家意，不得刻以相绳。其所请者务宜酌中馈送礼仪。婚娶祝寿亦同此例。

丧制所以尽子道而报亲恩也。初丧服制本为服内亲房而设，服外者毋劳用烛帛以益丧家之累。即或情不能已，务宜挽送赙礼。或丧家先行发白者。

送礼各宜酌中。若贫不能葬者，尤宜体恤。

田禾蔬菜所以备饥馑而佐饔飧也。乡内六畜务宜雇人看守，不准滥放，违者处罚。至于窃盗者加倍处罚。

松杉竹木所以生财源而资利用也。无论何人山场坟林古树，遇有盗砍者，通众从重处罚，买者同罚。

通过家训、家法、族规的制定，培田吴氏完成了宗族治理体系的构建。

祖训家规的具体执行则通过房族长、族正及其他公正练达之士完成。如武平县《高氏族规》云："拟择各房公正练达者数人以为族中长老，倘有两家争竞之端，只许报知长老向前平心公断，不得依势恃强故违公论，不许具席投人，亦不许生端具控，违者长老秉公出首与究。"① 永定县吴氏《澹庵公太遗嘱》亦云："吾今老矣，长子吴璇死矣，次子吴玘智识不更事矣，后有事务一切大小家门听命吴璘教训，门户则协力当之，官府人情则以礼应之，违我祖命戕尔生理，敢有违命紊乱者乃系不孝子孙。吴璘死后凡有一切大小家门内外官府上下之事，听从长孙吴文经主宰。子在付子，子老付孙，家道事务任于老成，治家之常理也。敢有变乱成规，许吴璘、吴

---

① （不署撰著人）《福江高氏族谱》，清光绪四年（1878）重修。

文经执此遗嘱付官，伏望父母本官明察秋毫，以理曲直，先坐以悖逆之罪，后理以曲直之分，此老夫之实心臆。"①

武平县《曾氏族规》亦载："秉公正。族有族长，房有房长，有族正，所以摄一族一房之事，振一族房之纳，治伦常之变，释、子北乖也。但举族长房长族正，俱要公平正直，谨守礼法，断非阿谀附会见利忘义者言，不可怀挟私仇，徇情曲断，变不容富者以酒肉胜人，强者势人丁为恃。若有一事偏曲，一言党护，即属不公不法，合族聚议，另行公举，不得以派尊自擅，如族长房长既秉公正，不听公断，两造经营族长房长自行到案，证其谁是谁非，庶善良不至终枉。"②

《宁化县翠江镇巫氏族规》曰："举族正，一姓之中，有族长，有房长，而尤重有族正。族房长，多属尊辈年高之人，不能任事。惟于各房之中，不拘年齿，公举正直谦明之人，奉为族正。凡同姓有是非口角事，投明族房长外，请族正判断。小事则以家法处治，大事则诉官究办。其理屈之家，固不得妄行怨怼，族正亦不得徇情。"③

宁化县石壁镇《张氏族规》云："要轮房值祭，董理尝租当择本房公正才干三人，以奉众祖之祭，兼掌本

---

① 该《遗嘱》由永定第一中学原校长吴兆宏先生提供。
② 中国人民政治协商会议福建省武平县委员会文史与学习宣传委员会：《武平文史资料》第24辑，2015，第51页。
③ 中共福建省委文明办、福建省地方志编纂委员会、福建省妇女联合会编译《福建家训》，海峡文艺出版社，2014，第218页。

第四章 祖训家规的社会功能

年出入数目及应行之事。岁终清数交与接管之人，周而复始，不得越次，亦不得推诿，若本房乏之，再托外房代办，亦可恐历久而滋弊窦也。"①

由此可见，族中长老、宗族领袖在民间纷争中发挥了重要作用，而其依据的则是祖训家规，换言之，祖训家规在民间社会生活中具有法律条文般的效力，堪称宗族法规。

"朔望讲约"是清代官方倡导的一种重要社会教育方式。康熙《永定县志》载："每月朔、望清晨，耆老摇铎以徇于道路，大声呼《圣谕六条》：孝顺父母，尊敬长上，和睦邻里，教训子孙，各安生理，毋作非为。随赴县，候县宰升堂，由中门入，诵《圣谕》：尔俸尔禄，民膏民脂。下民易虐，上天难欺。仍诵《六条》，由中门出。县宰堂事毕，率属下官民，择城内空阔公所，悬《圣谕》于上，设坐两旁。有司列左，乡绅列右。选声洪亮者朗诵《六条》，用民间浅近俗语解释之。每条毕，童子数辈歌诗一章结之，士民环立拱听。乃赏里人之善而罚其恶者。每月率以为常。"② 值得重视的是，闽西客家村落宗族结合官方倡导的"朔望讲约"，将祖训家规渗透于《圣谕广训》宣讲活动之中，体现了宗族与国家的互

---

① 中共福建省委文明办、福建省地方志编纂委员会、福建省妇女联合会编译《福建家训》，海峡文艺出版社，2014，第229页。
② （清）赵良生、李基益修纂《永定县志》，福建省地方志编纂委员会整理，厦门大学出版社，2012，第33页。

朝夕勿忘亲令语：闽西客家的祖训家规

动。如武平黄陌《李氏宗族·仲十郎公脉系》载《圣谕广训十六条》："敦孝弟以重人伦，笃宗族以昭雍睦。和乡亲以息争讼，重农桑以足衣食。尚节俭以惜财用，隆学校以端士习。点异端以崇正学，讲法律以儆愚顽。明礼让以厚风俗，务本业以定民志。训子弟以禁非为，息诬告以全善良。诚匿逃以免连株，完银粮以省催科。联邻居以弭盗贼，解仇忿以重身命。"① 武平县《颍川钟氏族谱》亦有对《圣谕广训拾陆条》大同小异的记载："敦孝弟以重人伦，笃宗族以昭雍睦。和乡党以息争讼，重农桑以足衣食。尚节俭以惜财用，隆学校以端士习。黜异端以崇正学，讲法律以儆愚顽。明礼让以厚风俗，务本业以定民志。训子弟以禁非为，息诬告以全善良。诫逃匿以免株连，完钱粮以省催科。联保甲以弭盗贼，要忠信以重身命。"同时载明："每月朔望诣祠宣讲，宜父诏其子，兄勉其弟，实心奉行，服膺弗矣。岁在民国乙亥孟秋月吉日大学生钟次义手考书。"②

上杭县《院前李氏族谱》更是将《圣谕广训》作了进一步的解读与发挥："圣谕广训十六条宣示合邑军民人等，李生而欲使族人知所法也，舍此将焉，属因语之曰：洪惟我圣祖仁皇帝保赤诚求　特颁上谕十六条晓谕八旗

---

① 中国人民政治协商会议福建省武平县委员会文史与学习宣传委员会：《武平文史资料》第24辑，2015，第21~22页。
② （不署撰著人）《颍川钟氏一脉族谱》，乙亥岁七月廿八日开笔录本源，二十二代裔孙晋书（字肇图）。

第四章 祖训家规的社会功能

及直省军民人等式恪遵行,子之族家庭之内,毋亦有父诏子而兄勉弟者乎。子曷弗敬告曰:敦孝悌以重人伦,同姓之亲毋亦有序,尊卑而别,长幼者乎。曷弗敬告曰:笃宗族以昭雍睦,且比闾之问,耕织之事,毋亦有讲揖让而儆游惰者乎。子又曷弗敬告曰:和乡党以息争讼,重农桑以足衣食,念物力之维艰也。是宜诵曰:尚节俭以惜节用,惧侈达之诒讥也。是宜诵曰:隆学校以端士习,虑邪说之易迷而王章之难逭也。是宜诵法曰:黜异端以崇正学,讲法律以儆愚顽。他如明礼让以厚风俗者,士之责也;务本业以定民志者,庶人之事也。训子弟以禁匪为,息诬告以全善良者,则在父兄之严为,督率而为秉口之泯灭也。若夫戒逃匿、完钱粮、联保甲解雠仇,是又圣心恻怛欲使民皆良民,咸晓然于保身保家之计者也。子之族人其一一奉行矣乎,吾子读书明道,一旦得志,方将为圣朝布化宣猷本圣言之切要者,推而行之,而为法于天下,今日之谋所以为族人法者,特其始事耳。余不能文,又不善口用敢交向日所刊圣谕十六条宣示杭邑军民者,敬述之,以弁子之谱端,子以为何如。李生曰善,因书之以遗李生,即以报李生之伯父者,并以告李生之族焉。沔阳进士裕泉王冠南敬撰。"①

与此类似,上杭《再兴张氏族谱》亦载"谱规小

---

① 上杭县《院前李氏族谱》卷首《序》,清光绪甲辰(1904)续修,汀郡步云轩梓行。

朝夕勿忘亲令语：闽西客家的祖训家规

引"："伏读圣谕广训十六条剀切详明，各府州县定期讲诵，吾乡离城八十里不能遍闻，责在各父师，家喻户晓，传诵多年，迄今修谱告成，合族会立谱规，终不越十六条明训：第一条敦孝悌以重人伦；第二条笃宗族以昭雍睦；第三条和乡党以息争讼；第四条重农桑以足衣食；第五条尚节俭以惜财用；第六条隆学校以端士习；第七条黜异端以崇正学；第八条讲法律以警愚顽；第九条明礼让以厚风俗；第十条务本业以定民志；第十一条训子弟以禁非为；第十二条息诬告以全善良；第十三条戒匿逃以免株连；第十四条完钱粮以省催科；第十五条联保甲以弭盗贼；第十六条解雠忿以重身命。五族佩诵明训，父师谆谆诰诫，诚虑族众人繁，立心不一，其中恐有不率教者，议立谱规以防范归正。"[1]

有的家族在编制祖训家规时直接以《圣谕十六条》作为其基本框架，杨彦杰曾将连城县培田吴氏的家训十六条与《圣谕十六条》进行比较，认为其来源除了历史上许多有名的家训之外，更直接的来源是受清朝《圣谕广训》的影响。[2] 由此可见，祖训家规亦是家国互动的又一重要载体。

---

[1] （不署撰著人）《再兴张氏族谱》，汀郡蒋步云轩锓，清光绪壬午（1882）重修。

[2] 杨彦杰：《祖训家规与客家传统社会——以培田吴氏为中心》，载刘小彦主编《第四届石壁客家论坛论文集》，福建教育出版社，2016，第11页。

三　家族教育的训诫　修身养性的箴言

儒家学说是中国传统社会的主流，儒家所提倡的"修身、齐家、治国、平天下"的人生信仰也渗入闽西客家的祖训家规，成为社会教育的主流。这集中反映在两个方面。

其一，闽西客家村落祖训家规是当地家族和家庭教育的主要形式与内容。在闽西客家传统社会，虽然也有书院、私塾、族塾乃至远赴国子监教育等学校教育，但对于山高皇帝远的偏僻村落，这些学校教育毕竟很少数。因而祖训家规等家族、家庭教育往往成为全社会最基础、最核心的教育形式。

其二，闽西客家村落的祖训家规通常以儒家伦理纲常为主旨，注重道德上的自我修养，因而这些祖训家规又成为个人修身养性的箴言。纵观闽西客家名目繁多的"家训""遗训""遗嘱""诫子书""家诫""族规"等祖训家规，从微观上看，囊括了家庭生活的诸多方面，涉及治家、共处、规范、发展；从宏观上看，则包括人生智慧的众面相：启智、修身以及成就人生、忠孝两全等。举凡学习之道、立身之道、家庭之道、事业之道，莫不成为闽西客家村落祖训家规关注的内容，因而也成为当地民众修身养性的核心。

四　姓氏认同的符号　群体凝聚的纽带

前述刘、黄两姓的传说与记载，存在诸多大同小异之处，不但开基诗惊人的雷同，而且一为二七男儿（十四个儿子）八十三孙，一为三七男儿（二十一个儿子）八十三孙，何其相似乃尔！类似刘、黄两姓的开基祖诗，在闽西客家村落的口头传说与族谱记载中十分普遍，甚至粤东客家地区也广为流传，其符号性至为明显。《蕉岭程官部黄氏家谱》载："峭公，讳峭，字献瑞，名宝。登北宋真宗祥符元年戊申科第九名进士，与状元王佐同榜。初官江夏太守，有功，擢奎章阁直学士。……娶三妻：官氏、吴氏、郑氏，俱封夫人……各生七子，共二十一子，八十三孙。因世乱纷纷，公于嘉祐四年正月初二日，置酒邀亲友，召诸子训曰：余年已迈，将有九泉之虞，人口蕃衍，供给浩大，家业无多，何以为子孙长久计？吾曾经过闽粤等处，山环水秀，田地饶沃之所，指不胜屈。今将家业作二十一分均分，留长子侍奉，诸子分往各处。诚有孝心念我者，何异我在乎。有诗一首，登程执别。后世黄氏各州邑居者，念诗符合，即属宗派。（按其诗有'年深外境犹吾境，日久他乡即故乡；朝夕莫忘亲命语，晨昏须荐祖宗香'诸语。词句虽浅，而用意则

第四章 祖训家规的社会功能

深长也。）"① 这些开基诗未必是历史的真实。但是，这些开基诗及其相关传说通过生动的语言形式塑造群体成员，其感染力激励着群体成员，使之"真实"而神圣地存在于这些姓氏之中。他们因此发生心理上的共鸣，产生了稳定的认同感，从而在日常生活中发挥着姓氏群体认同的功能。

与此类似，永定县江氏《金丰祖训》的制定也主要基于江氏族人认同和宗亲凝聚的考虑。永定江姓祖先从宁化石壁迁至上杭县胜运里三坪，后又从三坪迁至金丰里高头及平和、诏安等县。传世久远，子孙繁衍昌盛，居住地实在难以容纳人口的增长。于是子孙外迁频繁，有的在漳州，有的在潮州，年深日久，族众互不来往，亲情日益淡薄。上祖有鉴于此，特地聚集族人召开会议，制定祖训。文曰：

> 自石壁而迁九磜，自九磜而迁金丰高头、平和、诏安，传世久远，子孙兴盛，地不足以容之，大半荡析离居，或在漳，或在潮，就地当差，遂分尔我。我祖因聚族会议，设立训辞曰：迁者迁，守者守，各从其愿。日后往来询问，叔侄相认者，发福无疆；忘本背义者，贫穷夭折；孝顺者寿富贵，忤逆者遇害遭凶。教子读书，使知礼义，勤攻四业，务安本

---

① 罗香林：《客家史料汇篇》，台湾南天书局有限公司，1992，第 188~189 页。

· 141 ·

分。贵显莫得恃强凌弱，微贱切勿附势趋炎。如有行恶偷盗，奸猾骗人不肖子孙，许众房觉察重处。若移居异地被势豪欺压，诬盗杀伤及图赖等情，各房长应会众告官理究，勿得落人圈套。与异姓同居，务要听从乡规，遵守民约，勿得违众独霸，以取众恶。早纳公粮，勿负私债。富贵莫设娼宿妓，贫穷莫偷盗鼠窃。莫因小忿而成大祸。勿贪小利以致大害。凡我子孙，慎听我言，慎勿忽略。[①]

五　人生经验的总结　生活智慧的结晶

闽西客家村落的祖训家规，不乏祖先的生活经验与生存智慧。如关于婚姻，闽西客家村落祖训家规中多有论及男婚女嫁，其中包含了诸多的民间智慧，武平县《王氏守训》说昔胡安定先生曰："娶妇必须不若吾家者，则妇事舅姑必执妇道，嫁女必须胜吾家者，则女人之事必敬、必戒。司马温公曰：议婚，尤当察其婿与妇之性行与家法如何，勿徒慕其富贵。妇者，家之所由盛衰也。倘慕一时之富贵而娶之，彼挟其富贵，鲜有不轻其夫而傲其舅姑者。养成娇妒之性，异日为患宁有

---

① 中共福建省委文明办、福建省地方志编纂委员会、福建省妇女联合会编译《福建家训》，海峡文艺出版社，2014，第275页。

第四章 祖训家规的社会功能

极乎?"①

又如饮酒,闽西客家的祖训家规并不反对喝酒,甚至认为"酒以合欢,圣人不废",但应"节饮",而对于嗜酒、贪酒、恋酒、酗酒则严格限制。武平县《南阳邓氏训子课孙三事》云:"毋嗜酒贪花。"《南阳邓氏族规十则》曰:"多饮必醉,醉则发狂;或詈人而碎物,或殴长而辱尊,伤和气,丧人伦,故宜节饮。节则血脉调和,不致有疾病之生,亦不致失德之事,何乐而不为。"② 武平县《万石堂家戒十则》:"酗酒,世上是非,多起于酒,加以贪杯,愈丧所守。乱语糊言,得非亲友。甚至醉时,胆大如斗。酗酒放风,裂肤碎首。醒后问之,十忘八九。如何节饮,免致献丑!"③《宁化县翠江镇巫氏家规》云:"酒,固可以合欢,而亦最足丧德。旷观古来嗜酒之徒,或因此而偾事;或因此而致疾;或因此而破家者,种种召灾,不可胜道。且无论召灾也,即幸无事,而终日酩酊,笑语癫狂,成何事体!故量可饮五分,只可饮二三分;量可饮十分,只可饮六七分。总之,酒非养人之物,自冠昏祭祀外,不可多饮,亦不可常饮,愿

---

① 中国人民政治协商会议福建省武平县委员会文史与学习宣传委员会:《武平文史资料》第 24 辑,2015,第 5 页。
② 中国人民政治协商会议福建省武平县委员会文史与学习宣传委员会:《武平文史资料》第 24 辑,2015,第 8、10 页。
③ 中国人民政治协商会议福建省武平县委员会文史与学习宣传委员会:《武平文史资料》第 24 辑,2015,第 14 页。

我辈其慎之。"①

再如,对于处理夫妻关系亦有独特之处,即认为既不能"戾情"亦不应"溺情"。《宁化县翠江镇巫氏家规》说:"夫妇,道之造端也。不得戾情,亦不得溺情,而责则专于夫男。何谓戾情?妇人见理未明,往往狃于一己之偏,而不知自反。惟为夫者,躬先倡率,事事导之以正,其或有小不是处,不妨宽为包容,默默俟自化,若任一时血气,偶不如意,便恶言诟詈,必恩谊疏隔,夫妻反目,所由来矣!何谓溺情?夫情闺房静好之地,易于狎昵,不节以礼,心将陷入于淫,其在子女贤淑者,可无他虑。若为阴险之妇,一意奉承,百般献媚。为丈夫者,渐且入其彀中,始则渔其色,继则信其言,终且显予以权。主持家政,干预外事,甚且离间骨肉,招尤朋友。一念溺情,遂至于此。可不畏哉!有室家之责者,尚其思之。"②

关于戒气、戒讼,《宁化县翠江镇巫氏家规》曰:"今日开口,动曰争气争之云者。如见人大富,自己即当勤俭,而与人争为富;见人大贵,自己即当发愤,而与人争为贵;见人为君子,自己即当敦品立行,而与人争为君子。如此则气不大伸乎?本无所争,而有似乎争之

---

① 中共福建省委文明办、福建省地方志编纂委员会、福建省妇女联合会编译《福建家训》,海峡文艺出版社,2014,第215页。
② 中共福建省委文明办、福建省地方志编纂委员会、福建省妇女联合会编译《福建家训》,海峡文艺出版社,2014,第214页。

第四章 祖训家规的社会功能

也。若任一己之暴性,小有不合便忿戾难忍。以本身之言,则为怒气伤肝,必生疾病。以他人当之,君子则大度包荒,视如牛犬之不足较;小人则力相等,势相匀,必致两下争,而大祸起矣!圣人云:'一朝之忿,亡其身,以及其亲。'即此之谓,然则人可不平气哉!"①

对戒争讼,该《家规》亦说:"争讼之端,费钱费业费心肠,居家所切戒也。戒之之道有二。其上者,横逆之来,如孟子之三个必自反,不可及矣。其次,则当退一步思量,又进一步思量。彼如事也,人来欺我便要心上打算一番,先要算着输,不要算着胜。非理之不可胜也,理即胜矣,而差役需索,门房讹诈,费几钱钞来受几多委曲来。与其忍辱于公堂而其费大,曷若忍气于乡党,而其费小,所谓退一步者此也。至于进一步工夫,彼无理而敢于欺人者,必属凶徒,苟与之角,我输则固受其辱。我胜,则亦结其仇,是不如让之为吉也。我愈让而彼愈横,我不杀他,必为人杀,是虽以奸雄之术处世,而亦戒讼之一道。"②

---

① 中共福建省委文明办、福建省地方志编纂委员会、福建省妇女联合会编译《福建家训》,海峡文艺出版社,2014,第215页。
② 中共福建省委文明办、福建省地方志编纂委员会、福建省妇女联合会编译《福建家训》,海峡文艺出版社,2014,第216页。

第五章　祖训家规的当代价值

闽西客家村落的祖训家规，是传统客家社会千百年积累下来的优良传统，也是客家先民的生活智慧与生存策略。探讨客家村落祖训家规的规律，总结其经验与教训，对于弘扬客家文化，形成良好家风、培植社会风尚、遵守政治伦理、增进文化认同等具有重要的精神价值。

一　形成良好家风的价值

家风是一个家族或一个家庭的良好风尚，一个兴旺发达的家族或家庭，必有其良好的家风。家风的形成既有赖于家族族众、家庭成员的长期垂范身教，亦有赖于祖训家规的言传。祖训家规为闽西客家社会良好家风的形成提供了制度准则，诸多祖训家规因摒弃空洞说教，贴近现实，内容生动形象，富有感染性与启发性，而为民众喜闻乐见，易于接受熏陶。更因富于重要的人生哲理、宝贵的经验与智慧，如勤俭、谦和、谨慎、惜福，而形成一门谦让之风；或如笃定恒心、艰苦创业，奋斗向上，蔚成一门进取之风。

图 11　祖训家规楹联

由此，闽西客家村落祖训家规的形式、内容、核心要义、宣讲方式，以及发挥的社会功能，对于当前以家风为载体，培养和践行社会主义核心价值观，具有重要的精神价值和参考意义。

二　引领社会风尚的价值

家风、家训引领社会风气。闽西客家村落的祖训家规曾经引领客家地区形成良好社会风尚，以故闽西地区崇文重教之风，人才辈出著于东南。

朝夕勿忘亲令语：闽西客家的祖训家规

图12 祖训家规楹联

如永定县廖鸿章的《勉学歌》流传甚广[①]，成为旧时闽西永定县民众教育学子读书求学的经典名篇，激励了一代又一代的后人，其自身传下的四代中，出了四个翰林，三个举人，即其子守谦中举人，孙文锦中翰林、文耀中

---

① 廖鸿章的《勉学歌》原文如下：东方明，便莫眠，沉心静气好读文。盥洗毕，闭房门，高声朗诵不绝吟。食了饭，便抄文，一行一直要分明。听书后，莫撄情，书中之理去推寻。过了午，养精神，还玩索书中情。沐浴毕，听讲文，文中之理须辨明。食了夜，聚成群，不是读书便说文。剔银灯，闭房门，开口一读到鸡鸣。后生家，主殷勤。何愁他日无功名。

第五章　祖训家规的当代价值

举人，曾孙维勋中翰林、维嵘中举人，玄孙寿恒、寿丰都是翰林，加之自己也是翰林，成为"四代五翰林"的科举世家，构成了永定俗语"独中青杭"的科举奇迹。同样，江坑蓝氏宗族的形成也与科举人物的出现密切相关。江坑《蓝氏族谱》"廷畴"条下载："于康熙壬辰科名列黉序，江铿（坑）之有秀士者公其始也。"也因为他的出现，江坑蓝氏才开始形成一系列的宗族规范，同上引"廷畴"条下又载："故念乡规敝陋，意欲振一乡之风声，特邀数人堂侄又昌等，志争四址，而出业坟茔始不为乡邻所占，争四址而承粮，理坟茔而议禁，故立合同三纸，以为乡中后嗣之戒矣。得牛眠马腊之吉，不至求售于他乡，后之人赖其箴规者以息邻里争夺之风也。开册籍而承户，是为信三图之首户也。振一乡之规，莫不为子孙计之。"[①] 流风所及，在新的历史时期，绝大部分家庭仍承续了传统的家庭美德，形成了积极向上的家庭风尚，家风、家训依然在引领社会风气。因而承载传统社会良好风尚的祖训家规，在培育和践行核心价值观方面仍具有独特的优势。习近平总书记在 2015 年春节团拜会上说："家庭是社会的基本细胞，是人生的第一所学校。不论时代发生多大变化，不论生活格局发生多大变化，我们都要重视家庭建设，注重家庭、注重家教、注重家风，紧密结合培育和弘扬社会主义核心价值观，发

---

① 蓝联元：《江坑蓝氏族谱》，清道光三十年（1850）手抄本。

扬光大中华民族传统美德，促进家庭和睦，促进亲人相亲相爱，促进下一代健康成长，促进老年人老有所养，使千万个家庭成为国家发展、民族进步、社会和谐的重要基点。"① 因此，充分挖掘客家祖训家规的宝贵资源，发挥其当代价值功能，是客家学研究的题中之义。

三 遵守政治伦理的价值

蔚为大观的闽西村落客家祖训家规，形成了集教育、管理、惩戒于一体的完整体系，其最大的特点是务实和具有极大的可操作性。表现在选择家族管理人员时，具有严格的德、才要求。前述武平县《高氏族规》云："拟择各房公正练达者数人以为族中长老。"② 《曾氏族规》载："但举族长房长族正，俱要公平正直，谨守礼法，断非阿谀附会见利忘义者言，不可怀挟私仇，徇情曲断，变不容富者以酒肉胜人，强者势人丁为恃。"③ 《宁化县翠江镇巫氏族规》说："举族正……惟于各房之中，不拘年齿，公举正直廉明之人，奉为族正。"④ 《宁化县石壁镇张氏族规》："要轮房值祭，董理尝租当择本

---

① 习近平：《在2015年春节团拜会上的讲话》，《人民日报》2015年2月18日，第2版。
② （不署撰著人）《福江高氏族谱》，清光绪四年（1878）修。
③ 中国人民政治协商会议福建省武平县委员会文史与学习宣传委员会：《武平文史资料》第24辑，2015，第51页。
④ 中共福建省委文明办、福建省地方志编纂委员会、福建省妇女联合会编译《福建家训》，海峡文艺出版社，2014，第218页。

房公正才干三人，以奉众祖之祭，兼掌本年出入数目及应行之事。"①

图13 祖训家规楹联

在处理家族事务时始终坚持公正、公开、公平，武平县《曾氏族规》专列一条"秉公正"："若有一事偏曲，一言党护，即属不公不法，合族聚议，另行公举，不得以派尊自擅。"② 武平县《高氏族规》云："倘有两家争竞之端，只许报知长老向前平心公断，不得依势恃强故违公论。"③《宁化县翠江镇巫氏族规》："凡同姓有是非口角事，投明族房长外，请族正判断。小事，则以

---

① 中共福建省委文明办、福建省地方志编纂委员会、福建省妇女联合会编译《福建家训》，海峡文艺出版社，2014，第229页。
② 中国人民政治协商会议福建省武平县委员会文史与学习宣传委员会：《武平文史资料》第24辑，2015，第51页。
③ （不署撰著人）《福江高氏族谱》，清光绪四年（1878）修。

家法处治；大事，则诉官究办。其理屈之家，固不得妄行怨怼，族正亦不得徇情。"① 前述武平县蓝氏《景常公太遗训》亦云："嗣裔等当思创业维艰，守成不易，抽有祭扫尝产当公平出入，不得私行吞食或典卖。"

图14 祖训家规楹联

在内部监督管理上，则通过族长、族众共同的监视、明断、惩诫，乃至送官究治。武平县《王氏继宗公宗系族规八则》云："族人如有不孝其亲者，初则由族长痛加训斥，以启其悔悟之心，倘再不知悔改，即由族众送请法庭惩治"；"族人如有兄弟不知友爱，而自贼者，轻则由族中严加训诫，重即缚送官厅呈请究治"；"族人如有夫不夫而妇不妇，夫妻时相反目者，族众闻

---

① 中共福建省委文明办、福建省地方志编纂委员会、福建省妇女联合会编译《福建家训》，海峡文艺出版社，2014，第218页。

第五章 祖训家规的当代价值

知应切实责令痛改,毋令乖气致戾以致身不修而家不齐";"族人如有视同姓如路人,全不顾水源木本大义,甚或因细故微嫌而视同仇人者,此等人宜族众共弃之"。①

把出仕从政作为家族子弟服务国家的一种义务,从而忠诚爱国。宁化县湖村镇黎坊村《黎氏族规》曰:"家声必须清白,凡族中有出仕者,耀祖荣宗,固属可佳,当忠敬尽职,廉明存心,以为名宦。若尸位素餐或贪滥不明者,族中尊长必公斥之。"② 清流县《陈氏祖训》曰:"世卿公曰:汝曹事亲以孝,事君以忠,为吏以廉,立身以学。学也者学乎,忠、孝、廉而已也,世世子孙固守遗训,勿坠家声";"渊公曰:人臣爱君必如爱父,爱国必如爱家,爱民必于爱子。能爱君则爱国,爱国则爱民,故爱子则家齐,爱君则国治,爱民则天下平"。③ 清流县《陈氏祖训》:"渊公又曰:君子立朝,秉政前头,路要放宽,如窄些,则后日的身子难以转动。居官不爱子民,为衣冠之贼,立业不思积德,如眼前之花。"④ 武平县《何氏家训》中"训廉":"语云'贪夫

---

① 中国人民政治协商会议福建省武平县委员会文史与学习宣传委员会:《武平文史资料》第 24 辑,2015,第 6~7 页。
② 中共福建省委宣传部、中共福建省委文明办、福建省地方志编纂委员会、福建省文化厅:《福建乡规民约》,海峡文艺出版社,2016,第 257 页。
③ 中共福建省委文明办、福建省地方志编纂委员会、福建省妇女联合会编译《福建家训》,海峡文艺出版社,2014,第 370 页。
④ 中共福建省委文明办、福建省地方志编纂委员会、福建省妇女联合会编译《福建家训》,海峡文艺出版社,2014,第 370 页。

殉财，烈士殉名'。故为富不仁，贻讥阳虎，见得思义，特重子张。临时不苟谓不廉，廉者察也，察其所当取而取之，是谓义，然后无伤于廉也。若不辨礼义，利令智昏，虽千驷万钟，名节安在！吾祖敬容、敬叔，仕宦俱以廉称；并公、远公，史册皆以廉纪，清白传家。贻厥后人，庶几绍厥苏徵，绳其祖武。"①

诸如此类，在众多祖训家规中涉及政治忠诚、为官清廉、爱国爱民、勤于政事诸方面，形成了颇具特色的家族廉政文化，对新时期构建勤廉文化，形成"忠诚、干净、担当"的从政氛围亦具有重要的现实意义。

四 促进大众传播的价值

传统的祖训家规源远流长，早在上古时期就有"周公戒子""孔子庭训"之说，汉代以后东方朔的《诫子书》、刘邦的《太子文》、郑玄的《戒子益恩书》、曹操的《诸儿令》，以及陶渊明的《与子俨等疏》堪称精品，隋唐以后颜之推的《颜氏家训》、司马光的《家范》、郑文融的《郑氏规范》、袁采的《袁氏世范》、朱熹的《紫阳朱子家训》、朱伯庐的《治家格言》都是祖训家规的典范之作。但这些帝王将相、名流世家的祖训家规是上

---

① 中国人民政治协商会议福建省武平县委员会文史与学习宣传委员会：《武平文史资料》第 24 辑，2015，第 26 页。

层社会教育子孙的经典，其目的在于服务士大夫阶层，属于精英文化、雅文化或大传统的一种。闽西客家村落的祖训家规则不然，众多书之于族谱、镌刻碑铭或口耳相传的祖训家规，虽托名于祖先或某一公太，但更多的是"聚族会议，设立训辞""皆族众合议，非个人私言"，属于集体的创作，服务的对象则为普通的村落族众和百姓，属于平民文化、俗文化或小传统的一种（见图6、图7）。这些祖训家规尽管仍以儒家学说为核心，却有一个由雅到俗、由士大夫到平民、由经典到通俗，甚至"俱用浅近俗语，俾易通晓故耳"的过程，实现了由高头讲章到大众化的传播。因此，通过闽西客家村落祖训家规的研究，借鉴其核心价值观教育的载体与渠道，对当前社会主义核心价值观的培育与践行具有重要的大众传播价值。

五 增进文化认同价值

闽西客家村落的祖训家规还与整个客家世界的祖训家规息息相关。如《武平城厢陈氏大成谱》载有义门陈氏家训七条和家禁六条为当地陈氏家训、家禁。[①]

不仅如此，祖训家规不唯客家村落社会所独有。前

---

① 中国人民政治协商会议福建省武平县委员会文史与学习宣传委员会：《武平文史资料》第24辑，2015，第29~35页。

朝夕勿忘亲令语：闽西客家的祖训家规

述刘、黄两姓大同小异的开基诗，在非客家县市的邵武黄氏中亦广为流传，据邵武黄姓人氏称，黄峭娶了三房妻妾，每房都生了七个儿子，共计二十一个。后周太祖广顺元年（951），正逢八十大寿。在盛大的宴席上，他面对儿子、儿媳将家事作了新的安排，各房只留下长子长媳以侍母尽孝送终，其他十八个儿子各给一匹马、一份资财和一套家谱，令他们离家外出，信马所到，随止择留，自谋创业。黄峭吟了一首《遣子诗》赠别："信马登程往异方，任寻胜地振纲常。足离此境非吾境，身在他乡即故乡。朝暮莫忘亲嘱咐，春秋须荐祖蒸尝。漫云富贵由天定，三七男儿当自强。"[①] 前后三诗极为相似。

近世湘乡曾国藩氏以祖父星冈公"考、宝、早、扫、书、蔬、鱼、猪"和"不信地仙，不信医药，不信僧巫"为治家"八字诀""三不信"，反复告诫兄弟子侄："治家之道，一切以星冈公为法。"同时又自书："读书以训诂为本，作诗文以声调为本，事亲以得欢心为本，养生以戒恼怒为本，立身以不妄语为本，居家以不晏起为本，做官以不要钱为本，行军以不扰民为本。"[②] 将素日对立身处世治学做事所得到的体会归纳为"八本"，并教兄弟子侄谨记之。曾氏家族后人五代之内代有英才，

---

① 中共福建省委文明办、福建省地方志编纂委员会、福建省妇女联合会编译《福建家训》，海峡文艺出版社，2014，第253页。
② 曾国藩：《曾国藩全集》（修订本），岳麓书社，2012，第585~586页。

为海内极为少见的长盛之家,堪称发挥祖训家规功能之典范。

扬州何园主人望江何氏作为一个凭借数代人艰辛积累而显达的家族,对家族教育极为重视。《何氏族谱》载有"家训"十一则:"孝敬亲长之规""隆师亲友之规""鞠育教养之规""节义勤俭之规""读书写字之规""出处进退之规""待人接物之规""饮食服御之规""量度权衡之规""撑持门户之规""保守身家之规"①,详尽地规范了家族成员的为人处世、待人接物之道,在在彰显了中国传统家族的文化渊源、道德理想与生存智慧。事实上,何氏家族之所以能出现"祖孙翰林""兄弟博士""父女画家""姐弟院士"等满门俊秀,发展成与晚清李鸿章、孙家鼐等名门望族联姻结盟的家族,与其奉行的一套严格完善的祖训家规不无关系。

由此不难发现,闽西客家的祖训家规是中华传统文化祖训家规的一个缩影,亦是客家文化的重要组成部分。既有祖先的临终遗嘱,又有家族对后辈的训示、教诫,更有取材祖上的种种遗言、族规、族训、俗训,涉及家庭、人际、社会、政治伦理诸多方面,是传统村落族众行为的规范、处世的准则和道德的教化。既是宗族的法规,又是家族教育的重要形式,深入到传统国家法律、学校教育无法延及的领域,引领着客家社会的良好风尚。正因为如此,

---

① 此为笔者赴江苏省扬州市何园调查时所抄录。

朝夕勿忘亲令语：闽西客家的祖训家规

闽西客家村落虽处穷乡僻壤却崇文重教、嘉言懿行；虽山高路远却人才辈出、代有英才。

图15 祖训家规楹联

伴随着闽西客家人移民台湾，其祖训家规亦传播到台湾，使台湾客家秉承闽西客家原乡遗风。"宁卖祖宗田，莫忘祖宗言"，闽西客家人在漫长历史长河中形成的祖训家规，就积淀为一种信仰、一种崇拜、一种支持精神的力量。兹举两例如下。

其一，1931年游大容撰《诏邑游氏族谱》，有借神示书之族谱的祖训：

关帝君训

一曰忍。二曰慈。三曰孝养父母。四曰敬惜字纸。五日毋谈人过。六日勿阻止人善。七日毋面是背非。八日毋口正心邪。九日［毋］作难于人。十日毋自高其己。十一日无破人方术。十二日无损人物品。十三日无迫人财无力。十四日毋欺人老与贫。十五日指引失路人。十六日宽慰落难人。十七日扶孤子老稚过危桥。十八日遵引不谙事者。十九日饮人渴□一□。二十日助人公言一语。二十一日昆虫草木勿□杀。二十二日他人妻子勿妄想。二十三日不□人情为他作余地。二十四日不竭勿（物）力留子孙作受用。①

其二，在 1931 年赖长荣纂修的《心田赖姓族谱》里，我们可以看到祖训在渡台客家人中的传承：

斯谱之作，天序民彝，焕乎攸寓，且为传之典法，告我后人珍而藏之，非如金石之器，或已失之后，可以复得也。数世之后，有同心以尊祖敬宗者，务求立言君子序其前后，名为誊录，分送各房收存备阅。倘有不虞之变，或从此可无遗失之患也。龙明之曰，三世不修谱牒者即不孝之言，君子以为至训，吾宗子孙当慎知之。姑记条目于左。

岁时祭献祖宗，或忌辰致尊，不论祭品多寡厚

---

① 邓文金、郑镛主编《台湾族谱汇编》，上海古籍出版社，2016，第 70 册，第 28~29 页。

薄，必排列次序整齐，方为恭敬。切不可因祭献人多席狭，不能妥设，而杯左箸右，饭后羹前，香登于炉，酒酌于杯，即化冥财，草率作揖，苟完厥事。或遇广阔之地，亦盘碗错置，杯箸参差，如此举止，所谓恭敬安在？虽祭品十分丰洁，亦若无也。

祭献之时当想恍如考妣在上享祭，不可高声致于神怒。

前代祖宗平生嗜好无从而知，至己身父母及祖父母生平嗜好之物，不论粗精，力所能及者，宜备忌辰作祭品，所谓事亡如事存，是也。

银纸号曰冥财，考妣冥间享用，虽未确见，但既因祭而设，亦宜捲摺方正不可歪斜，纸钱不可乱折揖壤，以蹈不敬之愆。

祖祠乃祖宗灵爽所依凭，本源系焉，宜爱惜恐若不及，况可残毁乎。若戕其本，绝其源，支有支流未有不竭也，戒之慎之。

春秋享祠，理之常也。况祖宗既置有祀田，而子孙反敢侵渔，薄于奠献。甚至鲸吞，祀事以缺，试问身自何来，他日亦欲为人祖宗，而受子孙奠献乎。清夜扪心熟思之。

坟墓原有高低旧式，内外分水，及前埕填满壅塞者，逐年祭扫时修理旧观，亦不可太加挖掘。若有崩毁凹陷，则补平之，当依旧制，不可过高。斩

第五章 祖训家规的当代价值

刈草木，周围务大，以壮观瞻，不可专以饱厌为事。

溪边书馆三间，上加层楼，前围短墙，此乃先人所以养育人才者。略有揖壤即行修补，以礼先人之志，不可任从崩颓，贻笑大方，自处焉可。

己身生辰，乃父母忧危之日。若父母在之时，宜先奉于亲，乃及于己。父母既卒，值生辰，虽薄物不献于祠，只宜家中焚香，陈设拜献，乃尽厥心。

祭物当随家资厚薄买办，若富足而菲薄于祭祀，固为不孝；贫而借贷拖欠，虽极丰盛，亦可不必。

人生在世，财禄有足。贪取不义之财，必损应得之福。苟取非义献于祖宗，称渎莫甚。神若有灵，必有汝享，且远汝祸。

祭扫必先于墓，然及司土。盖有墓然后有司土。祭扫专诚在墓，司土盖连及之耳。

排列祭品，鱼左而豚肉右，羹左而饭右。神以右为尊，故也。

遇父母祭辰，虽里中演梨园，不可往观。盖念亲死之日，不忍故也。

婚姻宜于门户相等者择配。若立身端正，贫薄何嫌。品行污秽，富厚何益。强悍者异日必分其辱，骄傲者有时而受其欺。宜慎于前，勿悔于后也。

世人若不孝父母，不友兄弟，贫其旧交，虽与我暂时相善，切当谨防，不可深交。

朝夕勿忘亲令语：闽西客家的祖训家规

诗曰：善恶分明谱有载，吉凶异报天无知。

曾忆先君于戊戌年冬欲渡台湾，是晚夜深，兑独侍坐，先君手书片纸示兑云：

一祖母宜孝养也；一母命宜奉行也；一叔父宜畏敬也；

一小妹宜爱惜也；一治家宜勤俭也；一立身宜端正也；

一读书戒怠惰也；一朋友戒狎昵也；一戏场不可往也；

一赌博不可试也；一恶人不可近也；一凶人先须避也。

以上数条，皆身家性命所关，最宜书绅，兑授而识之不敢忘。次早先君启行。呜呼，先君往矣！遗训在焉，兹因修谱，故并记于首，以垂不朽云云。

嘉庆十年荔月　男　友兑　谨识

窃谓士达而在朝，则志在立功；穷而在野，则志在立言。兑以菲才，焉敢立功是念；即欲立言，何能动听。但涉猎诗书，颇识义礼，岂敢与村野莽夫，混浇一类乎？碧岭僻处山间，易惑难解，出语无文，交际无礼，器量浅狭，得其时则肆行无忌，失其势则丧志垂头。偶学华美，雅俗不称，视诗书为馀事，指法语为迂谈。器用不论粗精，一概乱掷，作于始不虑于终，顾于今不计于后，种种陋

第五章　祖训家规的当代价值

习，难以指数。不囿于俗，十难得一，特指其弊之九者著以示异日子孙，异其留意，幸甚。先伯金言，裕后应从获福寿无疆。侄敬奉不怠，不幸渡台未数年辞世归阴，侄至庚寅年玩赏阴府。呜呼，先伯何不留长生至今乎。

愚侄　南阅历族谱叹记①

清流县赖坊乡南山村马氏始祖马发龙是闽西客家马氏入闽始祖，据《马氏族谱》载：台湾地区前领导人马英九亦系其支系派衍。发龙公开基于清流北团里南山下，至殷公五代居福建，后辗转迁往湖南衡阳，马英九为马发龙一脉第三十二世裔孙。2010 年 5 月，清流县马氏宗亲会携《马氏大宗族谱》赴台湾参加"两岸宗亲交流暨姓氏族谱展"，与世界马氏宗亲会台湾总会成功对接。马英九堂兄马重伍会见赴台参展的清流马氏宗亲会一行。2011 年，马重伍到清流县赖坊南山马氏宗祠拜谒先祖。2012 年 3 月 12 日，来自中国台湾、马来西亚及内地各省、市的领导嘉宾和马氏宗亲会聚在赖坊南山，参加"清流县赖坊南山马氏宗祠修复竣工暨省级文物保护单位揭碑典礼"活动。世界马氏宗亲会台湾总会理事长马潮出席开幕式，并在典礼上致贺词。现赖坊南山马氏宗祠

---

① 邓文金、郑镛主编《台湾族谱汇编》，上海古籍出版社，2016，第 24 册，第 82~85 页。

朝夕勿忘亲令语：闽西客家的祖训家规

神龛两侧悬挂有世界马氏宗亲台湾总会赠送的马英九家训条幅"黄金非宝书为宝，万事皆空义不空"。[①] 海峡两岸交流基地闽西永定县创办全国首家"客家家训馆"，由祖籍永定的中国国民党荣誉主席吴伯雄题写馆名，为两岸客家交流搭起了新平台。客家家训馆开馆后，两岸客家人共同举办"最美家庭故事会"和联谊会，共同表演客家民俗风情，一同游客家土楼、品客家家训。在这里，祖训家规成为两岸客家民众共祭祖先、共享同胞情义的重要文化资源，因而也成为增进两岸民众文化认同的重要纽带。

时至今日，穿越历史时空，我们重温一则则祖训家规，足以令人动容。两岸客家民众共守祖训、共修族谱、共享宗族亲情，理应成为一种共有的精神家园。这种精神家园更应成为在新的历史时期，两岸客家民众交流交往的重要纽带与宝贵资源。

---

① 中共福建省委文明办、福建省地方志编纂委员会、福建省妇女联合会编译《福建家训》，海峡文艺出版社，2014，第212页。

参考文献

(按文献责任者名称的音序排列)

B

本书编写组：《历史视野下的中国家风文化》，广东人民出版社，2016。

本书编写组：《中国家规》，中国方正出版社，2017。

(不署撰著人)《黄氏源流家谱》，民国二十年（1931）修。

(不署撰著人)《张氏续修房谱》，清同治元年（1862）焕公房编订。

(不署撰著人)《武平城北李氏族谱卷首末综合丙本》，民国二十七年（1938）版。

(不署撰著人)《再兴张氏族谱》，汀郡蒋步云轩锓，清光绪壬午（1882）重修。

(不署撰著人)《蓝氏族谱》，明万历四十二年甲寅（1614）。

(不署撰著人)《豫章涂氏宗谱》，四十四世孙碧峰卓承氏谨录。

（不署撰著人）《院前李氏族谱》，清光绪甲辰（1904）续修，汀郡步云轩梓行。

（不署撰著人）《龙溪刘氏族谱》，清嘉庆辛未年（1811）修。

（不署撰著人）《福江高氏族谱》，清光绪四年（1878）重修。

（不署撰著人）《颍川钟氏一脉族谱》。

C

陈支平：《福建族谱》，福建人民出版社，2009。

陈支平：《近五百年来福建的家族社会与文化》，中国人民大学出版社，2011。

D

邓文金、郑镛主编《台湾族谱汇编》，上海古籍出版社，2016。

F

冯尔康：《中国宗族制度与谱牒编纂》，天津古籍出版社，2011。

福建省长汀县南山镇严婆田村：《汀州严婆教化经训》。

H

韩昇：《良训传家：中国文化的根基与传承》，生活·新知·读书三联书店，2017。

洪卫中：《颜之推思想研究》，黄山书社，2017。

L

蓝联元：《江坑蓝氏族谱》，清道光三十年（1850）手抄本。

蓝养明等编修《源头蓝氏族谱》，1987年蜡刻本。

李存山主编《家风十日谈》，广西人民出版社，2018。

李廷选编《十方黄陌李氏家训》，1918。

廖冀亨：《求可堂家训》，清光绪九年（1883）永定廖氏刻本。

刘成崇等编修《湘湖刘氏族谱》，清光绪三年（1877）刻本。

刘大可：《传统的客家社会与文化》，福建教育出版社，2001。

刘大可：《闽西武北的村落文化》，国际客家学会、海外华人资料研究中心、法国远东学院，2002。

刘大可：《论传统客家村落的纷争处理程序》，《民族研究》2003年第6期。

刘大可：《闽台地域人群与民间信仰研究》，海风出版社，2008。

刘文波：《刘氏盛基公家谱》，1980年抄录。

楼舍松主编《中国历代家训集成》，浙江古籍出版社，2017。

罗香林：《客家史料汇编》，台湾南天书局有限公司，1992。

N

粘良图选注：《晋江家训选读》，福建人民出版社，2017。

Q

祁述裕、艾思同主编《首届全国行政学院系统文化管理讲演录》，国家行政学院出版社，2016。

T

汀州严婆田村林氏族谱编撰委员会编《严婆田林氏族谱》，2002。

W

吴国荣：《家箴四首》，载连城培田《乾隆吴氏族谱》卷终。

Y

杨彦杰：《闽西客家宗族社会研究》，国际客家学会、海外华人研究社、法国远东学院，1996。

杨彦杰：《祖训家规与客家传统社会——以培田吴氏为中心》，载刘小彦主编《第四届石壁客家论坛论文集》，福建教育出版社，2016。

Z

曾国藩：《曾国藩全集》（修订本），岳麓书社，2012。

（清）赵良生、李基益修纂《永定县志》，福建省地方志编纂委员会整理，厦门大学出版社，2012。

参考文献

中共福建省纪律检查委员会、福建省新闻出版广电局编《八闽家训读本》，福建人民出版社，2017。

中共福建省委文明办、福建省地方志编纂委员会、福建省妇女联合会编译《福建家训》，海峡文艺出版社，2014。

中共福建省委宣传部、中共福建省委文明办、福建省地方志编纂委员会、福建省文化厅：《福建乡规民约》，海峡文艺出版社，2016。

中国人民政治协商会议福建省武平县委员会文史与学习宣传委员会：《武平文史资料》第24辑，2015。

周汝攀等编《周氏家谱》，清嘉庆癸酉（1813）季仲春月重修。

周晓晴主编《何园的故事》，广陵书社，2006。

后 记

用学术讲政治，既是党校行政学院的文风、学风，也是其责任与使命。因此，党校行政学院的科研要努力使每一个选题既有一定的学术价值，同时又具有一定的现实意义；既要有理论的高度，又要有学术的深度。

本着这一理论与现实的要求，我在从事闽西客家村落社会研究的过程中，一方面力图深入探讨传统村落的社会结构、社会生活、社会观念，试图有助于对中国传统农业社会结构与原动力的基本理解；另一方面则努力挖掘传统村落的制度与精神，希望能对当今美丽乡村建设、乡村振兴战略的实施有所助益。前者出版了《传统客家村落社会研究》一书，后者即为本书的立足点和出发点。如果说祖先崇拜与神明崇拜构成了传统客家村落社会结构的两大动力，那么，祖训家规则是祖先崇拜这一制度的保证。我们发现，祖训家规作为祖先崇拜的表现形式之一，在传统客家社会运作中发挥了极为重要的社会功能，反过来又成为祖先崇拜的动力因素。从事传

后 记

统村落文化研究，不能忽视对祖训家规的探讨。

为深入贯彻党中央关于"建设优秀传统文化传承体系，弘扬中华优秀传统文化"的精神，中共福建省委文明办、福建省方志委、福建省妇联先后编辑出版了《福建家训》《福建乡规民约》两书。中共福建省委党校、福建行政学院机关党委、机关纪委举办学习这两书的相关活动，将这两书赠送予我。与此同时，《武平文史资料》第二十四辑载有"古训剪影"专栏，编者亦将此书赠我。为了呼应这些单位的盛举，也为了感谢赠书者的美意，我原拟撰写一篇几千字的读后感，以便尽快发表在相关刊物上。然而，下笔竟不能自休，遂成九万余言，如此篇幅国内恐少有刊物能够刊登，只能宣告独立成书。

2016年夏，时任闽西客家乡镇领导蔡鹏、曾伟华、马金良、陈路招诸君，为配合"两学一做"教育活动，盛情邀约我到所在乡镇演讲"闽西客家的祖训家规及其当代价值"专题，于是又对此文进行了数次修改。同年秋天，一年一度的宁化客家"石壁论坛"力邀我参与盛会，并要求在会上就此文发表主旨演讲。因此，本书不仅是一篇学术论文，同时也是一份为基层民众和学术论坛所作的演讲稿。

庄恒恺君年轻多才智，美秀而文，曾多次力促将此论文转为专著尽快出版，并自告奋勇担负编辑校勘之职和补充相关资料、补写残缺部分，在此谨表衷心感谢。

没有他的鼎力相助，本书必然一如其他拙著，往往拖延几年甚至十几年方得问世。此外，书中所附多幅图片，分别为中共永定区委党校、永定区"客家家训馆"和好友石禄生、林小波、曾凤荣、朱秀华、肖晓芳诸君提供，在此一并表示谢忱！

最后，我还要感谢中共福建省委党校、福建行政学院为我创造了极为优越的科研条件。感谢社会科学文献出版社谢寿光社长、梁艳玲副社长和政法分社王绯社长、责任编辑孙燕生先生的关心支持与帮助，他们以最快的速度、最优质的服务，使本书得以尽快出版。

图书在版编目(CIP)数据

朝夕勿忘亲令语：闽西客家的祖训家规/刘大可著.-- 北京：社会科学文献出版社，2018.10
ISBN 978-7-5201-3400-2

Ⅰ.①朝… Ⅱ.①刘… Ⅲ.①客家人-家庭道德-研究-中国 Ⅳ.①B823.1

中国版本图书馆CIP数据核字（2018）第205165号

朝夕勿忘亲令语：闽西客家的祖训家规

著　　者 / 刘大可

出 版 人 / 谢寿光
项目统筹 / 王　绯
责任编辑 / 孙燕生

出　　版 / 社会科学文献出版社·社会政法分社（010）59367156
　　　　　 地址：北京市北三环中路甲29号院华龙大厦　邮编：100029
　　　　　 网址：www.ssap.com.cn
发　　行 / 市场营销中心（010）59367081　59367018
印　　装 / 三河市尚艺印装有限公司

规　　格 / 开　本：787mm×1092mm　1/16
　　　　　 印　张：11.25　字　数：102千字
版　　次 / 2018年10月第1版　2018年10月第1次印刷
书　　号 / ISBN 978-7-5201-3400-2
定　　价 / 56.00元

本书如有印装质量问题，请与读者服务中心（010-59367028）联系

版权所有 翻印必究